安徽管湾

国家湿地公园
解说系统规划研究

杨永峰
李　哲／主编
袁　军

U0199440

中国林业出版社
China Forestry Publishing House

图书在版编目（CIP）数据

安徽管湾国家湿地公园解说系统规划研究 / 杨永峰, 李哲, 袁军主编.
-- 北京：中国林业出版社，2023.12
ISBN 978-7-5219-2560-9

Ⅰ.①陂… Ⅱ.①杨… Ⅲ.①安徽－管湾－湿地－系统－研究 Ⅳ.①S76

中国国家版本馆CIP数据核字（2023）第133374号

策划编辑：何 蕊
责任编辑：何 蕊 李 静
封面设计：北京鑫恒艺文化传播有限公司

出版发行：中国林业出版社
　　　　　（100009，北京市西城区刘海胡同7号，电话010-83143666）
电子邮箱：cfphzbs@163.com
网址：https://www.cfph.net
印刷：河北京平诚乾印刷有限公司
版次：2023年12月第1版
印次：2023年12月第1次
开本：787mm×1092mm 1/16
印张：15.25
字数：210千字
定价：158.00元

早在西汉时期我国就已经利用陂塘造福农桑、防洪除涝和保持水土了。然而随着陂塘的灌溉功能逐渐被大中型水库所取代，这种富有生态智慧的驭水方式已日渐式微。随之可能带来乡村水环境恶化、生物均质化与传统文化衰落等风险。管湾国家湿地公园（以下简称公园）位于长江流域下游、滁河流域上游。公园内分布大小不等的陂塘百余座，是目前国内已知集中分布范围最大的陂塘群。据史料记载，公园内的陂塘历史悠久，距今约1200年，且生物多样性丰富，自然景观多元，也是合肥"国际湿地城市"重要的组成部分。公园致力于打造国内首个以原乡陂塘湿地为特色的国家湿地公园。纵观全园，稻田层叠、水网密布，千百年传承的生产、生活印记构成了独属于江淮湿地的陂塘故事。我们将以解说的方式将这些动人的风貌展现给读者，以期有助于公众真正理解陂塘湿地与生存、生活和文化的意义。

《安徽管湾国家湿地公园解说系统规划研究》作者团队以管湾国家湿地公园的

独属于江淮湿地的陂塘故事

佰由层叠，水网密布——千百年传承的生产生活知识解说系统为线索，为读者呈现江淮湿地多元的魅力。管湾国家湿地公园解说系统采用"资源—访客"双核规划模式，在分析公园解说资源和受众的基础上，凝练出"江淮岭脊的缘起""农业生产的坚守""江淮生活的传承""生机万物的共生"与"生态屏障的固守"五大解说主题；从解说空间规划角度系统阐述公园七个解说空间分区以及42个解说点，从而赋予公园一个灵动的游览空间；规划根据访客不同需求和解说要求提炼设计元素、设计解说媒介和设施；结合解说资源设计课程，开展科学有趣的自然教育。本书从解说内容到解说空间，再到解说媒介，构建了完整的管湾国家湿地公园解说系统设计架构。

本书通过详细的图解和生动的文字，努力为读者展现一幅江淮湿地画卷。引导读者从解说系统规划角度，走进一座城池，感受一方水土，探寻人类文明与自然万物的和谐共处。同时，本书通过回顾管湾国家湿地公园解说系统设计经验，抛砖引玉，传播湿地公园价值和自然教育理念。作者团队致力于深入细致观察管湾国家湿地公园，并深刻理解公园解说系统设计。若本书能够为湿地公园管理者和规划者等相关方提供一些地域性湿地公园解说系统设计的案例和借鉴，则不胜欣慰和荣幸。

随着人类社会经济的快速发展与公众生态文明意识的提高，以走进自然保护地、回归大自然为特点的自然教育成为人民美好生活需求的一部分。从关注"新、奇、特、异"的"视觉景观"，到多维度理解和欣赏自然之美的变化，对自然保护地解说系统的建设提出了新要求。2019年4月，《国家林业和草原局关于充分发挥各类自然保护地社会功能大力开展自然教育工作的通知》（以下简称《通知》）印发。这是第一份由我国政府机构部署全国的自然教育领域文件。《通知》中明确指出"将自然教育作为林业草原事业发展的新领域、新亮点、新举措"，强调"加快自然教育区域硬件建设，重点加强资源环境保护设施、科普教育设施、解说系统以及各种安全环卫设施建设。"截至2021年，我国已建设覆盖全国31个省（自治区、直辖市）共计899处国家湿地公园。京津冀、长江经济带和粤港

独属于江淮湿地的陂塘故事

澳大湾区等国家重大战略区域，均将加强国家湿地公园建设作为提升区域生态系统稳定性的途径之一，并将其视为满足人民群众日益增长的美好生活需要的具体抓手。同时，重大战略区内的国家湿地公园也将作为自然教育的主要阵地之一。国家湿地公园必将进一步发挥其传播湿地保护理念、推动湿地科普宣教活动的示范作用。

自然教育是人们生活的一部分，也是人民美好生活不可或缺的一部分。自然保护区、湿地公园与风景名胜区等各种类型的保护地，是推广自然教育的重要"教室"。近年来，我国的自然保护地日益重视解说系统建设。通过加强生态科普馆、环境教育中心和户外解说设施等软硬件建设促进了自然教育水平的提升。但相较于国外一些经验丰富的国家和地区，我国的自然教育解说仍有进一步完善和提升的空间。"解说之父"费门提尔顿（Freeman Tilden）认为解说是通过真实体验和设施，揭示事物的内部关系和内涵，而非简单的介绍。解说不仅仅是一种信息的传递，更应触及解说的灵魂——启发思考。事实上，当前很多解说系统不仅尚未"触及解说灵魂"，甚至还未做到"准确的信息传递"。研究和设计解说形式与内容，首先要以生物学、生态学、地理学、环境科学与自然保护区学等为基础"组织"解说内容，保证其科学性与准确性。此外，还要运用传播学、心理学与设计学等学科的方法"改造"解说形式与内容，探索其生动性与趣味性，进而通过解说系统，为公众提供更多亲近环境行为的机会，使公众掌握更多关于自然环境保护的知识、技能与观念，并最终促进公众形成环境责任行为习惯。因此，解说系统设计的摸索与研究对充分发挥自然保护地科普宣教功能，提高公众生态文明素养等具有重要意义。当前，国家湿地公园已成为生态文明宣传与教育的主战场，肩负着提升生态文明建设与自然教育的重要使命。

回顾管湾国家湿地公园的建设历程，公园内的陂塘不仅是传承千年的农耕文明瑰宝，也是体现我国古代人民与自然共融智慧的重要人工湿地。陂塘是当地人民在深刻理解地区自然气候特征基础上，一代代传承和探索的系统性水利工程和生态工程。陂塘旱能补水、涝能蓄洪，具有江淮地区典型的历史文化特征，是人类宝贵的文化遗产。管湾国家湿地公园地处皖中腹地，不仅是维持管湾水库周边生物多样性、保障江淮分水岭地区区域生态安全、完善环巢湖地区湿地保护网络的关键区域，也是全国首个以展示陂塘文化为特色的国家湿地公园。因此、管湾国家湿地公园是一个面向公众介绍、展示与体验陂塘历史和文化的极佳"授课地"。

2017年，管湾国家湿地公园启动总体规划设计。2018年，国家林业和草原局调查规划设计院受公园管理处委托，系统编制了管湾国家湿地公园解说系统规划。在总体规划之初，我们已将自然教育作为重要内容开展同步设计。在充分挖掘管湾国家湿地公园资源优势和地方特色的基础上，以自然教育理念为核心，将解说系统作为重要线索对湿地公园进行整体规划设计。在划定的区域内将生态环境、民俗文化与自然教育理念融入人与自然的互动场景中。管湾国家湿地公园作为自然教育基地，可以有效拓宽自然教育活动的教学场景并丰富教学体验内容。同时，通过建设自然学校提升管湾国家湿地公园的价值，实现访客与公园互动的可持续性。

本书作为设计团队的研究成果和实践经验总结，旨在为我国自然保护地解说系统规划的发展抛砖引玉，尽一份绵薄之力。希望有更多专家学者、保护地管理人员、自然教育工作者与公众等都能关注和助力解说规划研究与实践的发展。本书的撰写得到了上海新生态工作室、安徽师范大学等专家学者的人力支持。感谢安徽东锦园林股份有限公司杨卫东、钱红、尹俊、潘方青等人对管湾湿地的用心运营，他们也为本书的内容提供了技术支持。在此，对所有为本书撰写、编辑和出版工作做出努力的人员致以最诚挚的感谢！

由于编写时间紧张，其中的不足与错误之处，敬请读者批评指正。

编者

2024年8月

目录

第一章

江淮
陂塘

陂有三个读音（bēi、pí、pō）。作为陂（bēi）时，新华字典有三种释义：一为池塘；二为池塘的岸；三为山坡。陂塘（bēi táng）指自然的水池通过人工的建设，用于灌溉的水利工程。

我国陂塘系统建设的历史由来已久，萌芽于夏商周时期，繁荣建设于春秋至南北朝时期，发展完善于隋唐及之后。江淮地区因受独特的自然地理环境，以及千百年来农业生产与生活的影响，该地区的陂塘系统在蓄水、引水与灌溉等方面尤具代表性。如今，陂塘不仅仅是一种水利设施，也是一种人工湿地类型，具有雨洪滞蓄、旱涝调节、水质净化与生物多样性保护等重要的生态功能。但在快速城市化的背景下，陂塘等小型半自然和人工水体正大量消失。近年来，我国政府高度重视水利建设和小微湿地保护。陂塘湿地在水利灌溉、生态保护与景观美学等方面的作用也日益凸显，展现出了新的生机。

陂塘的历史与变迁

　　我国修筑陂塘系统的历史长达数千年，大致可分为三个阶段，即萌芽期、繁荣建设期与发展完善期。其中后两个时期的记载和留存较多，多数知名的陂塘皆为这两个时期所建设。萌芽期可追溯至夏商周时期甚至更早，主要集中在黄河中上游区域，由单一的"堵"和"堙"转化为疏导的治水方式。传说夏禹治水时曾从事名为"陂九泽"的工程。《诗经·陈风·泽陂》载："彼泽之陂，有蒲与荷"。春秋至南北朝时期为繁荣建设期，该时期陂塘水利在建设技术上取得了较大发展。堤坝、水门与溢流设施逐渐完善，形成蓄、灌、排完整的动态调控体系，并出现了大量影响后世的水利工程，如芍陂、绍兴鉴湖、余杭南湖与新丰塘等。公元前206年至公元220年的这400多年间，陂塘发展迅猛，著名的六门陂就是此时修建的。西汉建昭五年（公元前34年）南阳太守邵信臣建六门陂溉穰（ráng）、新野与昆阳三县五千余公顷。隋唐之后为发展完善期，南方低地平原农业发展，促进了陂塘系统的改建整治，提高了工程效益，并形成技术理论体系。陂渠串联系统得以广泛应用，典型的工程有扬州五塘、宝应白水塘、余杭南湖与杭州西湖等。

　　江淮地区丘陵错结、地形破碎，山丘间次生河谷广泛发育，岗冲交错，有利于修建陂塘蓄水工程。水利技术的进步也直接推动了江淮地区陂塘灌溉工程的发展。战国秦汉时期的陂塘工程多分布于淮河、汉水流域与长江中下游等地。《水经注》所载的近200项兴建于汉代的陂塘工程中，60%以上分布于江淮地区。其中以东汉时期兴建的小型陂塘居多，发展趋势是从汉中、南阳与汝南等地向长江中下游及其以南地区、乃至云南边陲等地快速推进。《王祯农书》云："救旱之法，非塘不可。"因此陂塘作为重要的调水蓄水工程，是农业稳定发展的命脉。

陂塘不仅给农田灌溉提供了水源保障，也为以养鱼、种莲、采菱等为代表的水产养殖提供了发展基础。据《史记·货殖列传》载："水居千石鱼陂……此其人皆与千户侯等。"《史记·正义》注："陂泽养鱼，一岁收得千石鱼卖也。"说明人们能从陂塘养鱼中获得巨大的经济利益。许多史料和文物都记载了陂塘养殖和垂钓的场景，因此陂塘经营也是重要的税收来源之一。

陂塘与农耕、田园文化紧密相连，常常出现在文人墨客的笔下。宋朝的欧阳修《喜雨》中的"童稚喜瓜芋，耕夫望陂塘。谁云田家苦，此乐殊未央"展现了陂塘对农民生活的主要意义。唐朝潘纬《春日管庄》的"游鱼晴戏陂塘暖，雏雉朝飞垄麦齐"描绘了夏日陂塘热闹的景象。陂塘还常常和田居生活联系在一起。宋朝晁补之的代表作《摸鱼儿·东皋寓居》就描写了作者被贬谪回乡后买陂塘、种杨柳，居于东山归来园时的所见所思。因为这首词，后世也将词牌"摸鱼儿"称为"买陂塘"。陂塘还是乡愁的代名词。贺知章在《回乡偶书》中写道："离别家乡岁月多，近来人事半消磨；唯有门前镜湖水，春风不改旧时波。"诗中的镜湖是绍兴平原上集灌溉、防洪与供水功能于一体的大型陂塘。

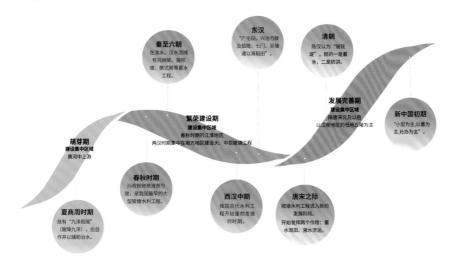

图1-1 陂塘的发展历史

最爱以陂塘作诗的莫过于宋朝的陆游。他的诗不仅常常描述陂塘农忙时"山穿烟雨参差出，水赴陂塘散漫流""户户祈蚕喧鼓笛，村村乘雨筑陂塘"的景色，也记录了"陂塘秋水瘦，墟落暮烟生""陂塘晨饮犊，门巷午鸣鸡"的季相变化。此外，"山阴泆湖二百岁，坐使膏腴成瘠卤。陂塘遗迹今悉存，叹息当官谁可语""戒婢无劳事钗泽，课奴相率补陂塘"则反映出陆游还关注陂塘的建设与维护。

二

陂塘的功能与价值

陂塘是维持古代农业发展的支撑系统，也在现代的生产生活中发挥了重要的生态、经济与社会效益。在长期使用陂塘的过程中，人们的生产、生活也受到陂塘的影响。陂塘不仅承担了灌溉功能，还为人们的生活提供水源、种养水面，并发挥防火蓄水等作用（图1-2）。此外，陂塘经过几千年的发展演变，其功能也随着农业生产力的发展而变化。陂塘不仅仅是传统意义上的水利设施，也是一种人工湿地类型，逐渐突显出重要的生态价值。废弃的陂塘随着时间推移，逐步被自然所侵蚀。而正常使用的陂塘也随着

5

水量过大
出到外围
的农田

植被的日益丰富以及陂塘水系的汇通，逐渐形成了围绕陂塘的生态小环境。在防洪调蓄、净化水环境与丰富生物群落等方面发挥着重要作用。

（一）雨洪滞蓄与旱涝调节

陂塘不仅能够在缺水时节为农业提供灌溉用水、缓解夏季干旱，还能与沟渠、农田、河流协同。通过截留地表径流、减缓峰值径流、增加蒸发与补充地下水等方式起到调节雨洪的功能。在安徽巢湖六叉河小流域，对于百年一遇的日降雨（日降雨量大于141毫米）强度，陂塘系统拦截的径流量占产生径流量的90%，可以将径流峰值从2.5立方米/秒减少至0.3立方米/秒。

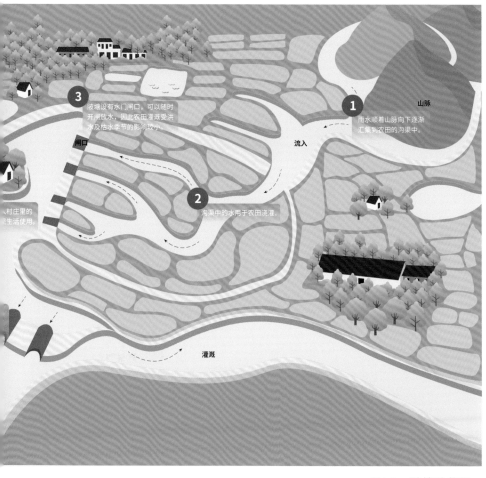

图1-2　陂塘功能图

（二）水质净化

陂塘系统对水质的净化作用主要通过两方面来实现：一是通过蓄滞雨水减少地表径流量、延缓径流流速、减少径流输出量，从而减少进入地表水体中的营养盐。二是通过农田—沟渠—陂塘系统中物理、化学、生物作用，如通过过滤、吸附、沉淀、植物吸收与微生物降解等高效分解和净化污染物。

（三）生物多样性保护

陂塘可以为湿地动植物提供栖息地，对维持湿地生物多样性有重要意义。研究表明，陂塘面积大小影响着其中的生物多样性和水生生物群落的结构。例如，形状圆整或规模更大的陂塘，鸟类多样性指数更高。此外，陂塘越靠近农田，鸟类多样性越高。

陂塘系统的修复和建设是积极应对水生态问题的有效途径。近年来，我国水生态面临城市内涝灾害、水量锐减与水体污染等诸多问题。为了更好地应对这些问题，我国提出实施海绵城市建设、湿地保护与修复等措施改善水生态状况。陂塘既对应《海绵城市建设技术指南》中的"湿塘"和"雨水湿地"，亦可涵盖"渗透塘""调节塘"的概念。同时，陂塘也对应《湿地保护修复制度方案》中的"小微湿地""库塘湿地"等概念，在缓解城市化进程引发的水生态问题有望发挥重要作用。

三

陂塘的浩劫与曙光

随着农业发展，大型渠道系统的应用导致农业用地内部结构重构。传统采用陂塘的灌溉方式变为以沟渠、运河等设施为主，导致陂塘数量锐减。在工业化和城市化的发展下，陂塘周围的农业和林业用地逐步转变为工业或城市建设用地，农业现代化或产业化使得农业时代的陂塘系统遭到进一步破坏。20世纪50年代末，随着水库工程的兴建，盲目废塘

图1-3 管湾国家湿地公园陂塘

为田活动也随之增加。20世纪80年代末统计数据表明，全国共埋废塘坝20多万座，其负面影响是不容忽视的。这期间多次发生大旱和农业歉收，而水库灌溉区域的综合开发存在渠系不配套问题，常常"远水救不了近旱"。因此，陂塘在灌溉系统中的补充作用应予以重视。近年来，我国高度重视水利建设和小微湿地保护，加大了对农田水利设施建设的投入力度，包括小塘坝在内的"五小"水利设施也成为投资重点，为小塘坝建设提供了很好的资金支持。各地开展了"修好当家塘，蓄水如储粮"的陂塘的保护修复。这些陂塘不仅聚集着八方来水，也"蓄"满了希望。陂塘的清淤与修缮，不仅保障了农田灌溉，也改善了群众生活条件，更助力了美丽乡村建设与生态旅游的发展（图1-3）。

第二章

安徽管湾
国家湿地公园概述

安徽管湾国家湿地公园位于安徽省江淮分水岭的核心地区，是以陂塘小微湿地为主的国家湿地公园。公园内陂塘遍布，与当地自然环境和村民活动等相融合，承载着生产、生活与生态三种功能，形成了极具特色的原乡陂塘景观。公园内动植物资源丰富，湿地类型多样，自然景观优美，文化底蕴厚重，是一处开展自然教育活动的理想基地。作者团队依托管湾国家湿地公园得天独厚的自然资源和地域优势，基于自然教育主题开展解说系统专项设计，掌握潜在解说资源、了解访客需求，从视、听、闻、触、尝、思等方式引导访客体验和感知自然，探索出一套江淮湿地研学教育的新模式。

湿地公园建设

（一）基本情况

安徽管湾国家湿地公园（以下简称"管湾国家湿地公园"）位于长三角城市群副中心合肥市东翼市郊——肥东县，居皖中腹地，东望南京，南滨巢湖，西融合肥，北襟蚌埠，既有"襟吴楚要冲""包公故里"的盛名，又有"襟江近海""七省通衢"的美誉，是长三角西向延伸的"必经地"（图2-1）。管湾国家湿地公园地理坐标是东经114.79°～117.54°、北纬32.02°～32.08°，规划总面积约664.24公顷。其中湿地面积约412.81公顷，湿地率62%。管湾国家湿地公园以管湾水库为主体，其水质优良、水面开阔，是一座中型反调节湖，对区域供水、防洪、水文与水质稳定发挥着重要的调节作用。公园四季宜人，春有悠悠碧水，萋萋芳草；夏日荷塘月色，沁人心脾；金秋时节，芦荻纷飞；冬雪静谧，残荷遒劲。

（1）自然条件

管湾国家湿地公园地处江淮分水岭，紧邻滁河干渠。拱形隆起的江淮分水岭自路口集经杨店、八斗岭、唐井、赵亮集、广兴一线向东北延伸，形成本县长江、淮河两大水系。该区域属北亚热带季风气候区，以"气候温和，四季分明，雨量适中，光照充足"为主要特点。雨量虽适中但分配不均。一般春多阴雨，夏雨集中，秋季少雨，冬季干旱。年均降水量960毫米，年均蒸发量1484.3毫米 。土质主要属下蜀系黄土衍生的粘盘黄棕壤，土壤墒情良好，较为肥沃。

（2）社会经济状况

管湾国家湿地公园所处的肥东县总面积2179.2平方千米，2024年总人口108.7万人，辖12个镇、6个乡、2个开发园区。公园所涉及的梁园

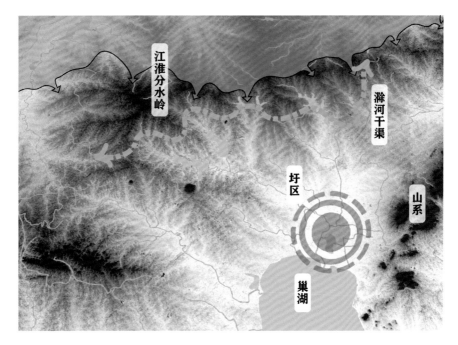

图2-1　管湾国家湿地公园水系示意图

镇、杨店乡和牌坊回族满族乡三个乡镇总人口12.2万人。肥东三产业协调发展，农副产品量大质优，是全国商品粮生产基地县和安徽省优质农产品十强县。2023年，肥东县实现地区生产总值（GDP）902亿元。

肥东县交通便捷，区位优越，紧邻省会合肥，距南京都市圈车程在2小时以内。华东第二通道淮南铁路、合宁高速铁路、合福高速铁路和建设中的商合杭高速铁路穿境而过。

（二）建设背景

长三角是中国三大城市群之一。快速城镇化带来经济高速发展的同时，也让政府意识到高消耗、高投入的发展模式不可持续。副中心城市合肥近40年的城市扩张使已存在千年的江淮陂塘群加速消失，并引发水环境恶化、生物均质化以及乡村凋敝等问题。

（1）原生陂塘的荒废与退化

通过现场调查并结合历史卫星影像分析，管湾国家湿地公园内有很多原生陂塘或废弃淤塞（图2-2），或者变成高密度养殖鱼塘。作为一

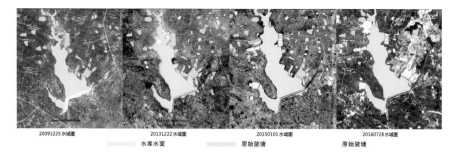

20091225 水域图　　20131222 水域图　　20150101 水域图　　20160728 水域图

水库水面　　　　　原始陂塘　　　　　原始陂塘

图2-2　管湾国家湿地公园陂塘变化

种独特的乡村小微湿地，这里的陂塘正陷入荒废和退化的困境。

（2）水源补给不足与污染加剧

由于江淮分水岭特殊的地貌和气候状况，该地区降水滞留条件较差。管湾国家湿地公园周边这种"旱能补水、涝能蓄洪"的陂塘生态系统逐渐衰退，加剧了饮用水源地——管湾水库水量补给不足和水质富营养化的双重胁迫风险。

（3）生物多样性降低

随着城市景观均质化和城市园林物种的应用，野生生物栖息地逐渐退化，以水鸟和水生植物为代表的江淮陂塘地域性生物多样性保护也面临严峻挑战。

（4）人口流失与乡村凋敝

管湾国家湿地公园及其周边以传统种植业为主，兼有利用鱼塘开展高密度养殖业。传统农业的低收入（亩均年收入1500元）导致农村年轻劳动力不断进入城市谋生。乡村日渐空心化和老龄化，留守老人极度缺少人文关怀。

（5）青少年"自然缺失症"和乡土记忆流逝

合肥市中小学生数量众多，对自然教育的需求日益增长。但城市周边自然教育等高品质生态产品供给严重不足。此外，传统乡村生产和生活方式被逐渐遗忘。

肥东县人民政府一直非常重视管湾水库和滁河的管理与保护。为着力解决上述问题，规划建设管湾国家湿地公园，其主要保护对象为管湾水库和75处大小陂塘，是全国首个以陂塘保护为主题的国家湿地公园。按照"景观恢复—生态安全保障—生物多样性保护—村落更新—产业升级"五步，通过重塑具有地域特色的陂塘湿地系统，优化陂塘群的景观多样性和连续性；合理设置陂塘群的面积和深度，保障饮用水源地水量和水质安全；营造多元化的乡土生境，建立水生植物种质资源库，逐步恢复生物多样性；注重宜居，构建新时期林、田、塘、村彼此相融的特色乡村人居景观；传承创新湿地文化，以自然教育产业为龙头，适应市场需求开启综合绿色发展模式，实现湿地资源可持续发展，塑造中国丘陵地区小微湿地更新和乡村振兴有机结合的典型模式。

（三）建设目标

管湾国家湿地公园主要包括河流和库塘两种类型湿地，规划目的是在保护重要水源地——管湾水库及周边陂塘等湿地资源基础上开展湿地恢复，着重对陂塘湿地生态系统进行生态修复，为栖息在区域内的野生动植物提供一个良好的生存环境。同时，湿地公园也为市民和到访者提供一个认识陂塘、认识湿地与关爱湿地的科普宣教场所，充分发挥休闲、游憩等文化承载功能。管湾国家湿地公园总体规划的具体目标如下。

（1）保护陂塘系统

湿地公园建设将陂塘系统列为重要保护对象，加强管理与维护，通过对陂塘系统的保护与恢复，有效发挥其生态功能，使其重现千年风貌。

（2）体验原乡生活

江淮村落的生活都围绕着当家塘，雨时蓄水、晴时灌溉、日常淘洗、牲畜饮水、消防灭火、孩童戏水等。"当家"二字就表明了陂塘在人们生活中的重要性。通过湿地公园建设，重塑陂塘原乡生活，可为访客呈现原汁原味的陂塘生活环境，使访客深度体验塘边生活，望见山水、记得乡愁。

（3）传承陂塘文化

陂塘文化不仅仅是陂塘知识，更是地域的文化符号，是古代生态哲学思想、理水思想、城市营建思想中人工与自然关系的重要节点。陂塘系统是一地、一城人居发展中的文化承载，代表了一方土地上人们理想的生活方式和精神追求。湿地公园建设向访客介绍陂塘知识、传承陂塘文化，使访客正确理解人与自然的关系、树立环境保护意识、增强民族自豪感。

二 解说系统规划设计

（一）设计思路

解说系统是解说内容、解说媒介与解说受众三者之间的资源优化整合，借此达到其内部结构的有序和优化，从而更好地服务和教育受众，达到保护环境资源的目的。管湾国家湿地公园解说系统基于自然教育的思路进行设计。湿地旅游是生态旅游的一种主要形式。自然教育解说与以往将教科书内容照搬到湿地公园中不同，是以生动和趣味化的形式让访客参与到解说环节中，对湿地有直接的体验和感受，同时启发思考，鼓励人们参与到保护湿地的实践中。在梳理管湾国家湿地公园区域内的问题后，规划采用"资源－访客"双核规划模式。以期全面而深入地掌握潜在解说资源，多角度地了解访客需求和建议，并将两者有机结合起来以构建湿地公园的解说系统。解说系统将引导访客以视、听、闻、触、尝、思等方式，欣赏、感知和了解自然，获取自然知识，享受自然带给人类的美好，密切人与自然之间的关系，让人们从自然中获得感触和启发，以达到提高关爱自然、保护湿地意识的目的。

（二）设计特征

基于自然教育的湿地公园解说系统具有以下特征。

（1）立体展示湿地之"美"

喜欢美的事物是人的天性。充分展示湿地之美可以有效激起人们保护湿地的愿望。湿地的美不仅美在辽阔与野趣，还美在蜿蜒曲折的河流，美在碧波荡漾的湖水，美在潺潺流动的小溪，美在各种珍稀的动植物。因此，一个基于自然教育的优质环境解说系统应通过路径设计、平台建设和观察设备等，让访客欣赏并记录到湿地景观和动植物的美；应通过解说系统多维度立体展示湿地之美。这些美不仅是看得见的，更是听得到的（如鸟啼蛙鸣），也是摸得着的（如荷叶与莲叶的差别），还可以是买得到的（如明信片、徽章、图集等）。

（2）形象体现湿地的"能"

湿地公园解说系统的重要功能之一就是帮助访客了解湿地的概念和功能。但百闻不如一见，百见不如一干。解说中需要把这种文字的传递转化为图像、模型、实验与互动等方式，使其更直观、更形象、更具体。

（3）切身感受湿地的"趣"

大自然是奥妙无穷的，湿地也是趣味盎然的。解说系统规划设计不仅要挖掘湿地动人的景色，更要挖掘湿地有趣的动植物。让访客不仅体会游览的趣，更能体会到知识的趣，如鸟会流泪、狸藻会吃虫等。

（4）感同身受湿地的"殇"

通过互动式、沉浸式的解说系统规划设计帮助访客深刻认识到湿地的破坏、衰退和消亡，以及由此给湿地生物带来的灭顶之灾，将冰冷的数字变成有代入感的个体或群体，如大雁的爱情故事、消失的白暨豚等。通过情感教育更有效地促使访客理解湿地保护的重要性。

（5）充分警惕湿地的"险"

湿地是美丽而有趣的，但湿地也存在一定的安全风险。解说系统规划设计中应设有警示性标识标牌提示水深危险、小心陷入与请勿投喂等。访客在湿地中通过各种方式学会自然技能，树立正确的自然观。

（三）设计目标

管湾国家湿地公园解说系统以促进自然教育功能为目标导向，旨在通过科学知识普及，丰富生态体验，培养公众环境素养，引导公众保护环境的行为。通过自然教育功能反作用于生态保护和公园管理工作，促进湿地公园可持续发展。解说系统看似简单，但其设计应将科学性、艺术性、创造性、管理意图等完美统一，不宜将教科书的内容简单、直接、生硬地搬到湿地公园中，灌输式的信息传递常常会减弱宣教效果。

（1）千年灌溉系统的展示空间

灌溉是农业发展的基础支撑，对人类文明发展具有重要意义。我国是世界上最早开展水利建设的国家之一。历史上产生了数量众多、类型多样、区域特色鲜明的灌溉工程，许多至今仍在发挥功能。陂塘是流传千年的灌溉系统，展示陂塘有助于梳理灌溉文化发展脉络，促进灌溉工程遗产保护，发扬传统灌溉工程优秀的治水智慧，为可持续灌溉发展提供历史经验和启示。

（2）江淮原乡生活体验空间

"乡土"孕育出的本土意识和对村落、社区与族群的文化认同，对于人们来说是非常重要的，这是他们扎根和建立据点的依据。与传统解说系统灌输式的展示不同，基于自然教育的环境解说系统是多维度的探索和兴趣的激发：鼓励访客产生好奇心，寻找兴趣方向；培养观察和探究生活的能力；试图挖掘看似平淡生活中不平凡的内核。解说系统内容通过具体的解说路径选取和内容设计，挖掘和再现家乡被遗忘的价值——乡土文化。通过走访、探寻与亲身调查研究获得一手资料，提高解说内容的参与性和互动性，在提高访客湿地知识的同时，也能对当地的原乡文化有切身的认识和体会。这些体会将成为自然教育体验者与家乡的强烈纽带，培养他们爱家爱国的情感，增进他们对乡土文化的认同感以及对自我和周遭生活环境的认知。

（3）江淮湿地研学新模式

江淮湿地研学教育的新模式既要充分吸取先进的国际国内经验集众家所长，也应根植本地做到本土化。展示原乡陂塘湿地特色，需要将自然教育扎根于乡土，需要通过环境解说系统向访客提供当地自然环境、人文历史、民俗传统、经济社会的全面体验和认知环境，应当有明确的教育目的和合理的解说体系。通过"陂塘—湿地—江淮地区—社会"的模式，由点到面构建环境教育的一体化，实现人与湿地的有效连接，从而促进人们的身心健康。

（四）设计内容

管湾国家湿地公园应成为千年灌溉系统的展示空间、江淮原乡生活的体验空间和合肥生态水源涵养空间，致力于解决管湾陂塘湿地的消亡与侵占、水量补给不足、水质富营养化、生物多样性减退、人口流失与乡村凋敝等问题，为湿地公园自然教育推广工作提供参考。

（1）制定解说任务说明，明确解说目的和解说目标

解说目的和解说目标为解说系统规划设计提出了方向所指和具体内容。解说系统规划的目标可以从三个方面来具体分析：学习目标、行为目标和情感目标。学习目标就是知识层面的目标，行为目标就是参观者能做什么，情感目标是行为目标实现的前提条件，应在参观者心中制造了一种强烈的"感受"有助于行为目标的实现。管湾国家湿地公园解说的目标是希望参观者学习、记住湿地，尤其是陂塘的相关知识以及与此相关的历史民俗文化。本规划希望促使参观者在参观过程中感受湿地的美丽与陂塘历史的厚重，从而在今后重视并参与到湿地与自然的保护中。

（2）解说资源调查

通过对解说资源进行科学、系统的调查，把握环境资源、当地社会和文化的特点，以制定最适合的讲解主题。

（3）受众背景分析

在制定解说规划时需要了解解说受众，分析解说受众人群构成及各人群的需求、行为特点，以便更好地对项目和服务进行设计，满足受众的需求，有效传递解说主题；

（4）制定解说主题与内容体系

在确定了主题后，需要在所列出的详细解说资源调查清单或列表中选择最能表达和说明该主题的资源来确定解说内容体系，包括物种、生

态环境因子（土壤、岩石、空气、水等）、生态现象、生态系统、社会文化、人地关系等各个维度和层面的内容。

（5）确定解说媒介体系与空间布局

解说媒介体系包括软件和硬件，分别为人员解说和设施解说两部分。通过解说目标与资源描述，选择合适的解说媒介和合理的解说方式，结合解说资源分布，合理布设解说空间布局，并将解说系统和公园的其他设施、功能进行一体化规划。

管湾国家湿地公园解说系统规划设计的技术路线如图2-3。

图2-3 管湾国家湿地公园环境解说系统规划技术路线设计图

第三章

解说受众
分析

解说需求研究是构建及优化陂塘解说系统的基础，从解说受众角度研究解说需求以优化解说系统，能更有效地将环境知识传达给受众，从而激发受众尊重自然、顺应自然、保护自然的意识。

运用问卷和访谈的方式，从受众结构、旅游行为特征、受众偏好三个方面对管湾国家湿地公园解说系统进行调查分析，在此基础上结合解说资源客观条件构建多样化、多层次的解说系统。通过实地考察公园核心景点和旅游乡村，发放问卷206份，回收问卷200份，有效问卷200份，有效率97.1%。

受众旅游结构特征分析

（一）人口学特征

通过对调查问卷的数据整理，可以得到受众的人口学特征。通过统计可以看出，受众性别比例中，男性略高；年龄构成中，18～60岁年龄段的人数占受众的79%，以青年和中年为主；在学历方面，大专及本科以上学历所占比例为54%，高学历占比较大；职业方面呈现多元化，年收入在5万～10万元受众最高，占24%（表3-1）。

表3-1　管湾国家湿地公园解说系统受众人口统计学信息

指标	指标结构	频数	百分比（%）
性别	男	103	51.5
	女	97	48.5
年龄	18岁以下	18	9.0
	18～35岁（含35岁）	94	47.0
	36～60岁（含60岁）	64	32.0
	大于60岁	24	12.0
受教育程度	初中及以下	22	11.0
	高中/中专/职高	70	35.0
	大专及本科	92	46.0
	硕士及以上	16	8.0
职业	专业技术人员	28	14.0
	公司职员	68	34.0
	机关事业单位人员	19	9.5
	私营业主	14	7.0
	家庭主妇	9	4.5
	自由职业	23	11.5
	学生	36	18.0
	其他	3	1.5

（续表）

指标	指标结构	频数	百分比（%）
年收入	无收入	28	14.0
	3万元以下	36	18.0
	3万～5万元（含5万元）	26	13.0
	5万～10万元（含10万元）	48	24.0
	10万～15万元（含15万元）	28	14.0
	15万元以上	34	17.0

（二）地域性特征

从表3-2的调查结果来看，来自合肥市区的旅游者样本数量占比最多，远超其他几个区域，符合近郊访客源特点。出现这样的现象，可能是由于境内旅游者想要远离城市喧嚣，拥抱绿色自然环境，在假期、周末时，更愿意去距离较近的地方；其次安徽省其他地区与合肥各县城去乡村旅游地的人数相差不大，来自安徽省外的旅游者数量最少，远低于合肥市区比例。这表明管湾国家湿地公园旅游地客源主要还是周边的城市居民。

表3-2　管湾国家湿地公园解说系统规划设计受众地域结构

受众地域	所占比例（%）
合肥市区	41.0
合肥各县城	23.5
安徽省其他地区	22.0
安徽省外	13.5

二
受众旅游行为特征分析

（一）信息搜寻行为

公众获取管湾国家湿地公园信息渠道多样。据统计（表3-3），22.0%

的旅游者是通过他人介绍，通过微信朋友圈、微信公众号、旅游App分别占18%、17%和16%，报刊、旅行社和旅游经验所占比例相对较少。近年来随着网络的普及，新媒体形式呈现多样化，相比通过报刊等传统媒体获悉，旅游者使用旅游App和微信公众号等新媒体搜寻湿地公园信息的更多。

表3-3　管湾国家湿地公园信息获取来源

信息获取渠道	比例（%）
他人介绍	22
微信朋友圈	18
微信公众号	17
旅游App	16
网站/微博	7
报刊	4
旅游经验	6
旅游宣传手册	4
其他	6

（二）旅游组织方式

出游组织方式上（表3-4），明显以家庭为单位组织出游人群最多（48%），其次是与朋友、同事出游（32%），仅这两类人群即占样本总数的80%；跟团游和单位组织的人数占6%，单独一人出游占4%；会议组织、商业活动、俱乐部组织、其他出行较少（共计2%）。这表明管湾国家湿地公园旅游者更愿意与身边较亲近的人结伴出行。

表3-4　管湾国家湿地公园信息获取来源

组织方式	比例（%）
家庭出游	48.0
跟团游	5.5

（续表）

组织方式	比例（%）
与朋友、同事出游	32.0
单位组织	6.0
会议组织	0.5
俱乐部组织	0.5
商业活动	1.5
单独一人出游	4.0
其他方式出游	2.0

（三）旅游行为动机

调查表3-5中用1.0～5.0表示访客对旅游动机认可程度。其中呼吸新鲜空气均值最高（4.480），其次为娱乐放松（4.420），而购买旅游纪念品最低（2.935），说明更多人来此旅游，是因为湿地公园空气质量良好，来此呼吸新鲜空气，放松心情，而不是因为旅游地的纪念品吸引他们。学习湿地知识和民俗平均值为3.850，相比于感受乡村气息和历史文化略低，这表明湿地知识与民俗文化传播仍需要加强。

表3-5　管湾国家湿地公园旅游动机描述表

旅游动机	最小值	最大值	平均值	标准差	中位值
呼吸新鲜空气	2.0	5.0	4.480	0.687	5.0
娱乐放松	2.0	5.0	4.420	0.690	5.0
观赏自然景观	1.0	5.0	4.370	0.752	4.5
增进亲情友谊	1.0	5.0	4.270	0.867	4.0
感受乡村气息和历史文化	1.0	5.0	4.020	0.844	4.0
学习湿地知识和民俗	1.0	5.0	3.850	0.939	4.0
健康疗养	1.0	5.0	3.470	1.164	4.0
农产品采摘	1.0	5.0	3.285	1.063	3.0
购买旅游纪念品	1.0	5.0	2.935	1.169	3.0

三

受众旅游偏好特征分析

（一）解说内容

调查表3-6中用1.0～5.0表示访客对解说内容的偏好度。其中陂塘均值最高（4.6），其次为湿地动物（4.5）和湿地植物（4.4），而历史文化相对较低，表明访客来湿地公园旅游更希望听到关于湿地和地域文化相关知识，对于与湿地公园展示内容相关度更高的解说内容兴趣更高。

表3-6　管湾国家湿地公园解说内容偏好描述表

解说内容	具体内容	最小值	最大值	平均值	标准差	中位值
湿地知识	基础知识	1.0	5.0	4.0	0.725	4.0
	陂塘	3.0	5.0	4.6	0.411	5.0
	湿地植物	2.0	5.0	4.4	0.552	5.0
	湿地动物	3.0	5.0	4.5	0.489	5.0
地域文化	地理知识	1.0	5.0	4.1	0.669	4.0
	乡居民俗	2.0	5.0	4.2	0.589	4.0
历史文化	历史人物	1.0	5.0	3.8	0.781	3.0
	历史事件	1.0	5.0	3.7	0.744	3.0
	祠堂文化	1.0	5.0	3.8	0.753	3.0

（二）解说媒介

调查表明（表3-7），访客对于自然课堂与解说员讲解更为认同，偏好度平均值分别高达4.8和4.6；位居其后的是解说牌示和多媒体，分别为4.4和4.1；而宣传手册的偏好度最低，为3.4。此外，互联网、便携式设备等新方式也得到访客的认可，偏好度平均值分别为3.9和3.8。这表明访客更多关注和偏好互动式的解说媒介。通过信息交流，访客可以更好地了解公园的资源特色，从而达到由单纯赏景到吸收知识的升华。

表3-7　管湾国家湿地公园解说媒介偏好描述表

解说媒介	最小值	最大值	平均值	标准差	中位值
自然课堂	3.0	5.0	4.8	0.513	5.0
解说员	3.0	5.0	4.6	0.811	5.0
解说牌	2.0	5.0	4.4	0.892	5.0
宣传手册	1.0	5.0	3.4	0.423	3.0
多媒体	2.0	5.0	4.1	0.739	4.0
互联网	2.0	5.0	3.9	0.852	3.0
便携式设备	1.0	5.0	3.8	0.744	3.0

（三）解说媒介

解说方面（表3-8），访客更偏好触屏电子系统、标本/展览、LED屏幕和官方网站，偏好度均值均在4.0以上。而影像制品、书籍/宣教手册等传统媒介评分较低。这表明相比于传统媒介，访客更偏好新兴的有新鲜感的解说媒介。但采用LED屏幕、触屏电子系统等多媒体设备也存在维护成本和技术要求较高的缺点，在设计时需要综合考量。

表3-8　管湾国家湿地公园解说媒介偏好描述表

解说分类	具体媒介	最小值	最大值	平均值	标准差	中位值
访客中心	标本/展览	2.0	5.0	4.1	0.596	5.0
	模型	2.0	5.0	4.0	0.633	4.0
	LED屏幕	3.0	5.0	4.1	0.639	4.0
	触屏电子系统	3.0	5.0	4.3	0.610	5.0
公共传播信息	官方网站	2.0	5.0	4.1	0.712	4.0
	影像制品	2.0	5.0	3.8	0.985	4.0
	书籍/宣教手册	2.0	5.0	3.8	1.023	3.0
标识牌	安全牌	2.0	5.0	3.8	0.775	4.0
	服务牌	2.0	5.0	3.9	0.789	4.0
	解说牌	3.0	5.0	4.0	0.669	4.0

综上所述，管湾国家湿地公园的解说受众主要为合肥及周边地区，多为短途访客，旅游形式多为家庭出游。访客中18岁以下的青少年相对较少，仅占9%，这表明该地区现有自然教育与解说体系仍较为缺乏，尚未形成亲子游的口碑与品牌，在该方面存在较大提升潜力。以呼吸新鲜空气和娱乐放松为主是乡村旅游的普遍目的，尚未形成特色旅游项目。以"湿地知识与民俗文化学习"为目的的访客相对较少，从侧面说明湿地公园解说系统建立的必要性，而这也将成为合肥地区的特色旅游名片。访客对解说系统的偏好度表明解说内容应以湿地知识和地域文化为主；解说媒介需重视自然课堂、人员解说及访客等的互动性；解说设施方面需适当引入电子触屏等新兴的多媒体智能解说设施，结合模型、解说牌等更好地为受众提供服务，以利于访客更准确地认识、欣赏湿地景观、体验民俗文化，并产生保护湿地资源的意识和积极行为。

解说主题
与内容体系

　　鲜明的解说主题是湿地公园解说系统建设的关键，围绕解说主题充实、丰富解说内容，才能给访客留下思索和回味的余地，从而引发访客共鸣。发现和挖掘解说资源是开展上述工作的基础性工作，贯穿整个解说体系建设过程。

　　结合管湾国家湿地公园的解说资源及受众调查分析，选定与陂塘紧密相关的湿地知识与相伴而生的地域文化进行有机结合作为解说体系关注的重点内容，从江淮分水岭、陂塘与农业的关系、陂塘与原乡生活、陂塘与生态环境和陂塘湿地等方面确立五大解说主题（图4-1）：江淮岭脊的缘起、农业生产的坚守、江淮生活的传承、生机万物的共生和生态屏障的固守。围绕五大解说主题，充分挖掘相关知识体系、丰富解说内容，并通过解说牌、多媒体、解说手册与互动设施等解说媒介来传递主题讯息。

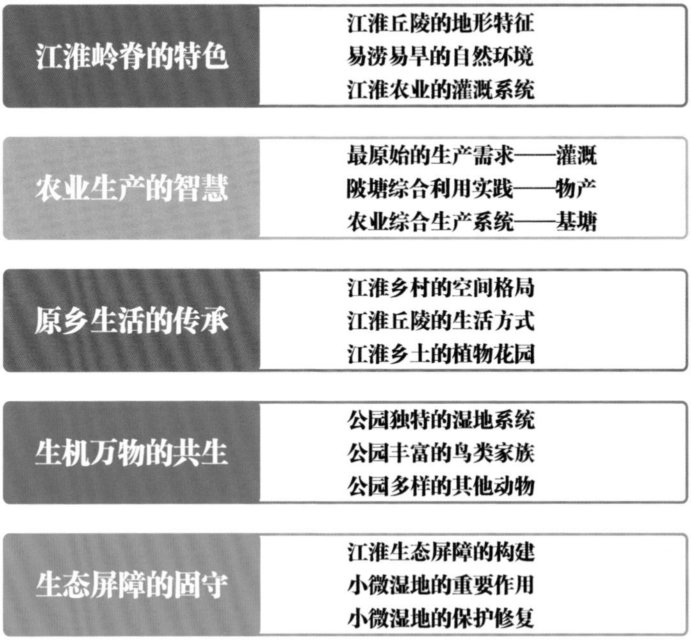

江淮岭脊的特色	江淮丘陵的地形特征 易涝易旱的自然环境 江淮农业的灌溉系统
农业生产的智慧	最原始的生产需求——灌溉 陂塘综合利用实践——物产 农业综合生产系统——基塘
原乡生活的传承	江淮乡村的空间格局 江淮丘陵的生活方式 江淮乡土的植物花园
生机万物的共生	公园独特的湿地系统 公园丰富的鸟类家族 公园多样的其他动物
生态屏障的固守	江淮生态屏障的构建 小微湿地的重要作用 小微湿地的保护修复

图4-1　管湾国家湿地公园解说主题结构

江淮岭脊的特色

　　管湾国家湿地公园位于安徽省江淮分水岭的核心地区，该地区受独特的自然环境影响，降雨较为丰富，但蓄水较为困难，这样的水文条件为该地区的农业生产带来了极大的挑战，而江淮地区自古都是重要的平原粮食产区，因此在几千年的农业生产和生活中，江淮地区形成了独特的灌溉系统，同时陂塘是这个系统中重要的一环，承担着蓄水、引水、灌溉的重要作用。

　　本章主要介绍江淮分水岭地区的自然环境属性及地域典型自然环境下的农业生产模式，感受该地区人们在抗旱保收的过程中彰显出的农业智慧，同时了解陂塘的起源及内涵。

（一）江淮丘陵的地形特征

（1）两大流域之间的典型丘陵

安徽省地势西南高、东北低，长江、淮河横贯省境，将全省划分为淮北平原、江淮丘陵和皖南山区三大自然区域。淮河以北地势坦荡辽阔，为华北平原的一部分；江淮之间，西立崇山，东绵丘陵，山地岗丘逶迤曲折；长江两岸地势低平，河湖交错，平畴沃野，属于长江中下游平原；皖南山区层峦叠嶂，峰奇岭峻，以山地丘陵为主（图4-2）。江淮分水岭，顾名思义，即长江与淮河之间的分水岭。长江与淮河虽然均为我国的大河，但二者无论在长度还是在流域面积等方面均不在一个等级上。淮河发源于桐柏山，干流注入洪泽湖，然后经大运河注入长江。因此，也可以认为淮河是长江的一个支流。但传统上我们均把淮河当作一个独立的流域看待。长江与淮河之间的分水岭西北起始于黄河、长江、淮河三河交界处，经伏牛山、桐柏山、大别山、江淮丘陵，向东以长江北侧岗地为界延伸至东海之滨。

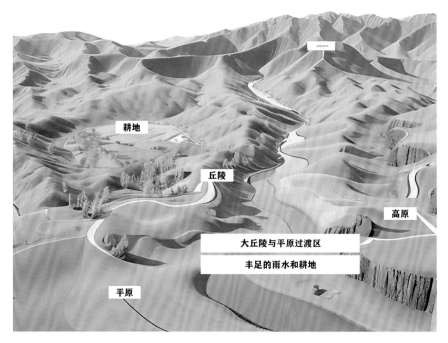

图4-2　丘陵地区示意图

（2）安徽的重要粮仓

江淮丘陵区平均海拔在100～300米，属于大丘陵区与平原交会区域，既有丘陵坡地，同时也拥有较多的耕地条件；江淮丘陵区总耕地133万公顷，占安徽省耕地总面积的31.8%。该区四季分明，空气湿润，水土光热资源比较丰富，农业生产总体条件较为优越；经过70多年的探索实践，岭区农业经济获得长足发展，农业生产能力得到较好的优化，为安徽省经济增长作出了较大的贡献。江淮分水岭农业经济主要经历了3个发展阶段。

① 传统农耕时期。宋代以前，分水岭地区的封建农业生产水平与江南的苏浙等地大体相当，并且岭区较少的人口和茂盛的森林植被使得该区域人与自然环境还算和谐，"走千走万，不如淮河两岸"的谚语传颂至今。南宋时，"黄河夺淮"对淮河水系影响巨大，加之经年战乱，岭区人与生态环境关系急剧恶化。元明清朝代更迭的战乱使得岭区人口数量一直处于变动中。封闭的地理区域和地势的高低起伏一直限制了岭区封建商品经济的发展，而频繁的旱涝灾害则使岭区的封建农业生产力停滞不前甚至出现倒退。明清以来，岭区各地官吏也曾大力招募流民、劝课农桑、修塘筑坝、疏通河道，希望能仿照苏浙的生产模式，发展岭区农业生产。至民国时期，岭区也开展多项农业改造的试点。但是，这些点小面窄、不成体系的农业改革尝试并没有给岭区农业生产带来根本性的改变。

② 初步发展时期。1978年凤阳县小岗生产队首创包干到户，极大激发了农民的创造精神，包干后第一个秋收季，农村粮食就比上年增产6倍多。包产到户与包干到户的家庭联产承包责任制以家庭为单位分散经营，推动了当时农业经济的巨大发展。1997年，安徽省委、省政府颁布江淮分水岭地区综合治理的重大决策，积极推进农业综合工程建设，完善农业配套设施，加大农业结构调整等。修建公路、植树造林、水土保持成为岭区农业经济发展的优先措施，也为岭区未来农业稳定发展奠

良好的基础。岭区通过对区域的水文地质条件分析、农业交通条件完善等基础设施建设为农业生产能力优化提供了强大保障。2008—2012年，江淮分水岭地区继续深化改革，将农业重点工程建设作为当时发展的重点，从多个角度革新，实施人民生产生活保障工程、农业生态工程、人畜饮水工程等，夯实了农业生产根基，促使产业结构逐渐趋于多元化，为农业经济继续稳定发展奠定了良好的基础。

③ 深化发展时期。2013年以后，随着城市与工业发展，岭区的经济逐渐繁荣，并向纵深发展，取得了不俗的成绩。岭区位于皖江示范区、合芜蚌自主创新试验区和皖北"四化"（工业化、信息化、城镇化和农业现代化）协调发展先行区等国家区域协调发展战略政策叠加区，面临着前所未有的发展机遇。

经过不断的发展创新和积极的探索实践，江淮分水岭地区的农业经济趋于繁荣，并向现代化发展。一是积极进行基础设施建设，提升基础设施水平。例如，2008年江淮分水岭地区的旱涝保收面积约占60%，到2017年，其数值提升至92%；2008年，该地区的节水灌溉面积仅占该地区耕地总面积的9.5%，2017年，其节水灌溉面积达到68%。2018年，农业机械总动力超过2300万千瓦，总体水平得到较大提升。二是积极提升农民收入，改善农民生活条件。2018年，安徽省居民人均可支配收入为23984元（《安徽省2018年国民经济和社会发展统计公报》），江淮分水岭地区农民的人均收入超过13900元，高出全省农民的人均收入，农林牧渔业总产值也达到较高水平。三是合理优化与调整产业结构，发展特色产业。江淮分水岭地区根据各地特色，积极发展合适的农业产业；以当地的水文地质条件为基础，建立特色产业，如蔬菜大棚经济、双油产业、畜禽共生产等；依托优质的农产品基地，构建完整的产业体系，实现江淮分水岭地区的最优产业布局和规模发展。根据安徽省农业农村厅网站最新数据显示，2019年江淮分水岭地区的农业产业化龙头企业超过300家，示范农业产业化联合体达到26家。同时观光农业、循环农业、生态农业、体验农业、绿色农业等农业衍生产业发展，设立大量的产业园区，也得到了全面发展。

（二）易涝易旱的自然环境

江淮丘陵区地处亚热带湿润季风气候区向暖温带半湿润季风区转换的过渡带，南北冷暖气候交汇频繁，加之受太平洋季风进退的早晚与强弱的不同影响，气候的异常变化在该区反映强烈。冷暖空气在该区交锋停滞时，形成江淮切变线，造成该区长期阴雨天气。当锋带逐渐北挺或南压时，该区降水就相应减少；当强大的西伯利亚冷高压或强大的太平洋高压控制该区时，天气就干冷或晴好，雨水稀少，易发生干旱。

① 地区分布不均衡。江淮丘陵区多年平均降水量为900～1100毫米，但降水分布不均衡，分布以江淮分水岭脊地区最少，向两侧逐渐增加，同时降水量从南向北、由西向东递减，如位于江淮分水岭脊地带的长丰县罗集、肥东八斗等，多年平均降水量都在800毫米以下，属降水缺乏地区，也是干旱发生最频繁地带。

② 季节分配不均衡，与作物需水很不协调。江淮丘陵区降水量在年内分配一般以夏季最多，春季次之，秋季较少，冬季最少。年降水量集中在5—9月，这5个月多年平均降水量约650毫米，占年总雨量的65%左右，其极大值为1023～1223毫米，极小值却只有163～283毫米，极大值为多年平均值的1.6～1.9倍，极小值只有多年平均值的25%～44%，这段时间也是作物生长的关键时期，作物需水量最大，如遇干旱，对产量影响颇大，严重的干旱往往发生于此。此外，该区在夏末秋初之际，多为秋高气爽天气，无雨期较长，对晚秋作物和秋播出苗不利，经常发生夹秋旱。

③ 年际变化大。江淮丘陵区降水量年际变化非常大。据统计，该区多年来最大年降水量为1542～1688毫米，最小年降水量为472～592毫米。因此，对于少雨的江淮分水岭地区来说，降水量本来就不多，加上年际变化大，降水反常现象增大，进一步加剧了干旱灾害的发生。

（1）复杂的地形地貌条件

江淮丘陵区地形总体西南高、东北低，丘岗纵横分布，在皖西丘陵山区北部、腹地及南部分布3片低山丘陵，其余大部为地势起伏不平的丘岗，主要由砂砾岩石风化残积、堆积而成，由于长期受水流切割，发育成为岗冲相间、波状起伏的缓低岗，地形破碎，植被稀少，调蓄性能很差，具备修建大水库的地形不多，难以大规模拦蓄天然降水，主要依靠塘坝和小型水库蓄水，存在大量的水利死角，灌溉保证率较低，干旱极易发生，这在江淮分水岭脊地区尤为突出。江淮丘陵区地质构造以第四系上更新统和前第四系中新生界纪层最为发育，多为第三纪红砂岩、砂质页岩，无良好含水层发育，土壤密实板结，透水性很差。

（2）贫瘠的地下水存储量

江淮丘陵区缺乏下渗和河渠测渗的补给与储存条件，属于地下水资源极为贫乏的地区，仅在基岩中存在少量的风化及解构裂隙水，其水量仅可解决部分人畜饮用水问题。江淮分水岭易旱区，地下水储存平均2万～3万立方米/平方千米，埋藏较深，一般都在50～60米，且分布零散，只有少数乡镇具有供水意义的含水岩组，但单井出水量十分有限，仅能部分作为人畜饮用水，对农田灌溉无济于事。因此，在农业用水中，几乎不考虑地下水的供给与水资源的供需平衡。

（3）特殊的地域土壤结构

江淮丘陵区分布最为广泛的是水稻土，其次是地带性土壤黄褐土与黄棕壤，在江淮分水岭以北的凤阳、明光及定远一带还分布有潮土与砂姜黑土（图4-3）。水稻土是发育于各种母质土壤之上、经人为长期水耕熟化、淹水种稻而形成的耕作土壤，以种植水稻为主，也可种植小麦、棉花、油菜等旱地作物，腐蚀质的含量较高。由于受到长期种植水稻的潜育影响，土壤通透性能极弱，因而保水、保肥能力较好。但位于丘岗地区的缓岗或高坡上的淹育型水稻土，由于地势较高、种稻时间较短、水源条件较差、易受旱等原因，常有雨栽禾，无雨种旱，抗旱能力

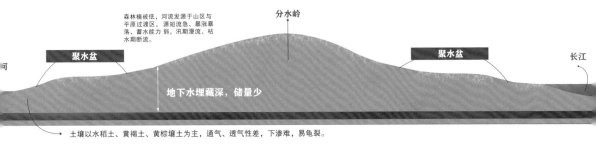

森林植被低，河流发源于山区与平原过渡区，源短流急、暴涨暴落、蓄水能力弱，汛期漫流、枯水期断流。

分水岭

聚水盆　　　　　　　　　　　　聚水盆　　　　长江

地下水埋藏深，储量少

土壤以水稻土、黄褐土、黄棕壤土为主，通气、透气性差，下渗难，易龟裂。

特殊的气候、地形和土壤条件，造成该区农作物易旱易渍，旱灾影响尤为突出。
因此，有效的灌溉系统成为农业生产的重要需求。

图4-3　江淮分水岭地区独特自然环境示意图

低下，人们称为"望天田"。黄褐土与黄棕壤又可统称为黄泥土，由其演化而来的耕作土壤主要为马肝土，该土质地黏重，土壤多为黏壤及黏土，结构不良，呈块状结构，吸水性特别差，渗水率低，有"天晴一把刀，下雨一团糟"之说，适耕期短，而位于岗地顶部时，由于水土流失比较明显，加之岗、塝地段水源缺乏，易受干旱威胁。在凤阳、定远两县的西部和长丰县的北部海拔30米以下的浅洼平原分布有砂姜黑土，坚实僵硬，容重大，孔隙小，通透性差，易干裂跑墒，土壤蓄水能力低；同时，天越干旱，土壤的裂缝愈多、愈宽、愈深，被切断的毛管愈多，毛管水受阻就越大，作物吸收利用下层土壤水分和地下水越困难，作物经常遭受干旱。

（三）江淮农业的灌溉系统

淠史杭灌区（图4-4）位于安徽省中西部江淮之间的丘陵地区，系淠河、史河、杭埠河3个毗邻灌区的总称，是一个以灌溉为主，兼有发电、航运、水产和城乡供水功能的综合利用工程。灌区于1958年开工，1959年开始灌溉，主体工程于1972年基本完成。受益范围涉及安徽、河南2个省4个市17个县（区），设计灌溉面积1198万亩，有效灌溉面积1060万亩，是中华人民共和国成立后兴建的全国三大灌区之首，也是世界七大灌区之一。灌区工程还是合肥、六安等城市供水的主水源，被灌区人民誉为"生命之源""小康之源""发展之源"。

图4-4　江淮分水岭地区的水库与干渠分布示意图

　　大别山区的诸多水库成为江淮丘陵地区持续而稳定的水源地，通过
滁河干渠等河流将水源源源不断地供给到沿线城镇，形成了从水库到干渠
再到诸多塘坝的三级灌溉体系（图4-5）。这种三级灌溉体系解决了江
淮丘陵地区因地形地势和气候导致的无法蓄积降水的问题，既缓解了城

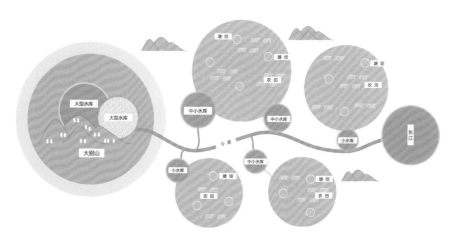

图4-5　水库、干渠、塘坝三级灌溉体系示意图

镇生产生活用水的压力，又满足了广大农田灌溉的需求，体现了中国人民自古以来在水资源利用方面的智慧。

（1）滁河的东西互联

滁河干渠位于安徽省江淮分水岭以南，合肥主城区以北，是一条沿江淮分水岭以南45米等高线修建的人工干渠。沟通江淮两水系，横跨合肥市中部全境。合肥由于地势原因旱涝频繁，滁河干渠的建成通水彻底解决了昔日十年九旱、赤地千里的萧条景象。沿线数十万亩荒芜贫瘠的荒滩野岗变成了旱涝保收的肥沃良田。与此同时，滁河干渠沿线兴修水库，与滁河干渠形成双向调节。

滁河干渠是合肥人民的生命线，其核心功能是区域输水。作为淠史杭工程的重要分干渠，滁河干渠承担着从大别山向合肥市区输水的重要功能，合肥市区70%～80%的用水通过滁河干渠供给。滁河干渠另外一个重要功能便是为缺水的江淮分水岭地区提供农业灌溉，其所处的淠史杭灌区为全国第二大灌区，滁河干渠作为其重要的组成部分，保障了其以南大部分地区60%耕地用水。

（2）管湾水库

公园内的管湾水库是淠史杭灌区的中型反调节的水库，进水面积67平方千米，总库容2420万立方米，兴利库容960万立方米，有效灌溉面积1600公顷，保收面积1333.33公顷。大坝为均质双坝型，坝顶高程48.8米，最大坝高15米，坝长2010米。上下坝对应建两个泄洪闸和一个非常溢洪道，上闸泄洪量165立方米/秒，用水压机启闭；下闸泄洪量113立方米/秒，设置钢丝弧形门，以手摇和电动两用的卷扬机启闭；非常溢洪道宽180米，泄洪量125立方米/秒。设计洪水位47.66米，死水位40米。

（3）陂塘系统

陂塘作为我国古老的蓄水工程，历史绵长，在我国农业灌溉方面曾发挥着主要作用。随着陂塘系统的发展，陂塘的类型也在不断丰富，随着库容的变化，可以将陂塘分为两大类（图4-6）：大型陂塘、小型陂塘。总库容在10万立方米以下的为小型陂塘，亦称为"塘坝型"陂塘，典型的有肥东的当家塘以及农田灌溉用的小型池塘。总库容在10万立方米以上即为大型陂塘，也称为"水库型"陂塘。不同类型的陂塘均在农业发展以及人民的生产生活中发挥着重要的功能。大型陂塘具有防洪、发电、航运、灌溉等综合效益，但是用水量受到多方面因素的制约，难以保证面上的灌溉需要。小型陂塘能够充分拦蓄地表径流，不使降水白白流失。同时，陂塘对土壤保墒、减少下游涝情的作用，也是其他工程无法替代的。

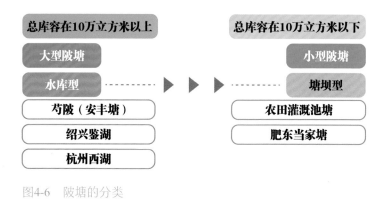

图4-6　陂塘的分类

二

农业生产的智慧

江淮地区陂塘诞生最原始的需求应该是农业灌溉的需求，目前保留最早的陂塘样本可追溯到2600年前。汉代的众多墓葬中也发现了陂塘和稻田的石质模型。通过早期的文字记录，我们也能对古代陂塘的作用模式了解一二。随着陂塘技术的逐渐成熟，陂塘的功能也发生着变化。水面的种养，鱼虾的养殖，部分地区还演变出了更为高效的农业生产体系——基塘，这些陂塘和基塘直到今天也依然在农业生产中承担着重要作用。

本章主要介绍在江淮地区特殊的农业生产环境下，以陂塘为特色农业灌溉模式是如何诞生的，以及千百年来人们在陂塘的利用中对综合农业的探索。

（一）最原始的生产需求——灌溉

（1）早期的陂塘功能模型

新津县宝子山出土陶水田，长54厘米，宽37厘米，田中横着一条沟渠，在渠中刻画着几条游鱼和田螺，渠水可由通道流入两边的田中。两边田中秧苗密布，几个田螺点缀其间，显示出一片生机；田底平整，以田埂为界又形成几个较为规整的小田；每块小田皆有特别开置的缺口，以利渠水的流通。这些缺口皆保持不同的方向，这可能和水温的调节有关。《氾胜之书》说："始种，稻欲温；温者，缺其塍，令水道相直。夏至后，大热，令水道相错。"缺口的交错开置，不仅可调节水温，并且可保证"水清"和水量的均匀。《齐民要术·水稻》说种稻："选地，欲近上流（地无良薄，水清则稻美也）。"又云："须量地宜，取水均而已。"陶水田中秧窝排列成行，基本上有一定距离。崔寔《四民月令》中"美田欲稀，薄田欲稠"说的就是秧距的密度要根据土壤的肥力来决定。

1953年在绵阳新皂乡东汉墓出土一长方形陶水田模型，此水田深似水塘，分左右两部分。右塘中有泥鳅、田螺和荷花，当为藕田；左田应是秧田，田中站着五个形态各异的陶塑俑像，其中一身穿长袍拱手而立者可能是监督劳动的，其余四人短衣赤足，或拍物携罐，或持农具，中间一人双手击薅秧鼓。徐光启《农政全书·农事》谈及水稻栽培时说："夫粮莠莄稗，杂其稼出，盖锄后，茎叶渐长，使可分别，非薅游不可（薅即芸也）。故有薅鼓、薅马之说。"王祯《农书》有薅秧鼓图，其云："薅田有鼓，自入蜀见之。始则集其来，既来则节其作，既作则防其笑语而妨务也。"击薅秧鼓主要是为了召集居住分散的农人并组织有节奏的薅秧农作。这一模型证明四川的薅秧鼓早在汉代就被采用。同时，藕田和秧田之间有田埂作界，田埂中段设一水口，以调剂水量。这一情况与四川新都区出土的"蒸秧农作"画像砖所示的情况相同。

1977年在峨眉县双福公社东汉砖墓中出土了一件浮雕石水塘水田模型，其布局和陶水田模型以及"薅秧农作"画像砖的情况相类似。一边似一深水塘，塘中水鸭争食，蛤蟆、螃蟹、田螺和游鱼点缀其中，又有一小船泊于塘中。另一边是农田两块，上田有绿肥两堆、下田中有两农夫正俯身农作，此图像沈仲常先生已有考释。

从陶水田模型和"薅秧农作"画像砖可以得出四川汉代水田水塘的一个特点，即水田和水塘经常是靠在一起的，两者之间必然有一个相互调剂的关系，主要表现为水田依赖于水塘。水塘可深可浅，蓄有足够的水，以保证天旱和冬天缺水时的灌溉，然而它又不是简单的蓄水灌溉，而是在塘中兼养水生动植物，一举多利。

（2）陂塘的灌溉原理

江淮地区的陂塘工程一般选在地势低洼之处，筑堤起塘以吸纳周围山川溪流。抬高水位后，修堤渠、置水门，灌溉农田。基本构造包括堤坝、陂湖、闸涵与溢流渠道。江淮地区陂塘水利的修建与北方旱地渠系工程有很大不同（图4-7）。陂塘选取地面上的天然凹陷地形，通过在周围修筑堤坝，拦储溪涧地表流水，构成蓄水库。在堤坝上设排水闸口及泄洪口，便于浇灌农田和下泄洪水。

陂塘灌溉有两大优势，一是陂塘设有水门闸口，可随时开闸放水，

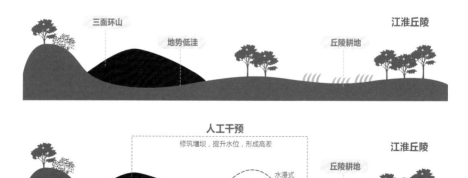

图4-7　陂塘的灌溉原理

因此农田灌溉受洪水及枯水季节的影响较小。二是陂塘作为小型水库还具有调节区域小气候的作用。

（3）陂塘水利推动农业发展

陂塘的修建对于改善江淮区域水环境有很大作用。江淮之地虽然降水丰沛，但由于丘陵地形较多，雨季来临，洪水下泄较快，易泛滥成灾。枯水季无水源灌溉，易发生干旱。陂塘水利可拦储雨水，既避免了洪灾，又可在旱季浇灌农田，有利于改良陂塘周围地区的盐卤之地。陂塘水利不仅增加了灌溉面积，而且也使许多荒废的土地开辟成肥沃的农田。然而随着大中小型水库的兴建，陂塘数量迅速减少，但陂塘的拦、蓄、灌的补充作用是不可替代的。

（二）陂塘综合利用实践——物产

（1）四大家鱼的综合养殖

陂塘的修建还促进了江淮地区水产养殖的发展，使当地的水土资源得到进一步利用。《史记·货殖列传》云："楚越之地，地广人稀，饭稻羹鱼，或火耕而水耨，果隋蠃蛤，不待贾而足，地势饶食，无饥馑之患。"新莽时期，"荆、扬之民，率依阻山泽，以渔采为业。"这说明江淮楚越等地水产在人们的食物构成中占有较大比例。从殷末到唐朝之前，我国养鱼的对象一直是鲤鱼。到了唐代，因皇帝姓李，"李""鲤"同音，而以"鲤"象征皇族，要避讳"鲤"，便不能捕，不能卖。这种情况下，渔民不得不寻找新的养殖对象，即青、草、鲢、鳙等鱼类。这四种鱼由于食性和栖息习性不同，很适合混养在一个池塘里，能充分利用天然饵料和水域空间，养殖效益更大，因而成为我国传统养殖鱼类。时至今日，这四种鱼仍是我国淡水养殖的主体鱼。由于它们是人工养殖的鱼类，故称为"四大家鱼"。

（2）菱角的种植与采食

在陂塘的发展过程中，除了养殖鱼类，菱角是陂塘种养的重要水生作物。菱角的种植可以追溯到3000年以前，唐宋以来逐渐流行，明清尤盛，随着自然环境和社会经济的变化，菱角的栽培面积逐步扩大。菱角原生于欧洲和亚洲的温暖地区，但只有中国和印度对其进行了栽培利用。

菱，一年生浮水或半挺水草本。果实二角为菱，形似牛角；三角、四角为芰。菱落在泥中，最易生长。有野菱、家菱之分，均在三月生蔓延长。叶浮在水上扁而有尖，很是光滑，叶下有茎。五六月开小白花，夜间开放，白天闭合，随月亮的圆缺而转移。它的果实有好几种，没有角、两角、三角、四角，角中带刺，尖细而脆，果实长在角尖。

（3）莲的种植与采食

陂塘种植莲自古有之，常见于古墓中出土的陂塘陶器。莲，是多年生水生草本，分布范围广阔，遍及亚洲及大洋洲。莲全身都是宝，根状茎（藕）作蔬菜或制淀粉（藕粉）；种子可食用。叶、叶柄、花托、花、雄蕊、果实、种子及根状茎均可药用；藕及莲子为营养品，叶（荷叶）及叶柄（荷梗）煎水喝可清暑热，藕节、荷叶、荷梗、莲房、雄蕊及莲子都富有鞣质，可收敛止血。

（三）农业综合生产系统——基塘

（1）基塘的农业模式

基塘是将种植业同池塘养鱼相结合的一种生产方法，是人们在长期生产实践中创造的一种良好的生产方式，可以充分提高土地生产力，合理利用资源，保护环境，发展多种经营，增加收益。基塘系统（图4-8）由基面子系统和鱼塘子系统构成，一般基面上种植植物（初级生产者），池塘中养鱼，基面上的作物又是养鱼的饲料，从而形成一种相对封闭的生态系统。基塘系统在运行过程中，基面种植作物消耗的地力由塘泥补充，鱼类消耗鱼塘中的养分和饲料，由基面作物和土壤经冲刷补充入塘。基塘系统的层次多，食物链复杂，因此相比于陂塘，基塘系统的稳定性和生产力更高。

（2）桑基鱼塘的高效农业系统

桑基鱼塘（图4-8、图4-9、图4-10）是池中养鱼、池埂种桑的一种

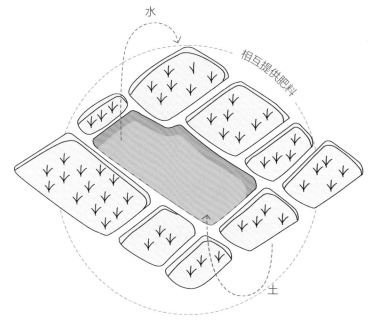

图4-8　基塘系统结构

综合养鱼方式。从种桑开始，经过养蚕、终于养鱼的生产循环；构成了桑、蚕、鱼三者之间的密切关系；形成池埂种桑、桑叶养蚕、蚕茧缫、蚕沙、蚕蛹、缫丝废水养鱼、鱼粪等完整的能量流系统。在这个系统里，蚕丝为中间产品，不再进入物质循环；鲜鱼是终级产品，供人们食

图4-9　桑基鱼塘循环路径

图4-10 桑基鱼塘循环流程图

用。桑基鱼塘中基塘比例一般为4：6。

（3）果基鱼塘与花基鱼塘

① 果基鱼塘

果基鱼塘（图4-11）是塘基上种果树，果树下种饲草或蔬菜，饲料养鸭、鹅、猪、鱼，鸭、鹅活动增氧，鸭、鹅、猪的粪便喂鱼，鱼粪肥塘，塘泥肥果、肥菜、肥草，从而形成"果饲鸭鱼"良性循环系统。果基鱼塘一般结合养猪、水禽生产，基塘比一般为5：5。

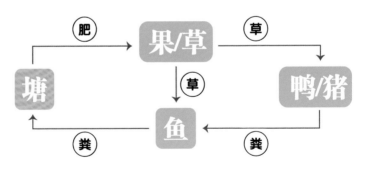

图4-11 果基鱼塘循环流程图

② 花基鱼塘

花基鱼塘（图4-12）可分为盆栽和基面种植两种，都和鱼塘生产有密切关系，都需要塘泥培育、塘水浇淋。花盆的泥尤以塘泥为佳，因为塘泥物理性能好，团粒结构优良，淋水时不会发散溶化，又不易板结，具有很好的保土、保肥、透气性能。因此，塘泥能促进盆栽花卉的根系发育、养分吸收和开花结果。同时，花基对鱼塘也有一定作用，基面上和花盆里的青草可喂鱼，淋花时花盆和花基的残肥随水流回鱼塘，也具有肥塘、肥鱼的作用。

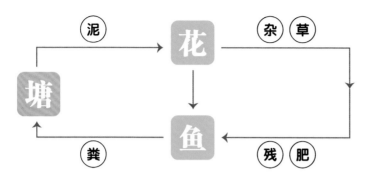

图4-12 花基鱼塘循环流程图

三
原乡生活的传承

江淮地区人们在长期的陂塘使用过程中，其生产和生活都在潜移默化地受到陂塘的影响，陂塘也不只是承担灌溉的功能。很多村庄在建设过程中便考虑了陂塘的位置，陂塘逐渐参与到江淮地区人们的日常生活中，为人们生活提供水源、种养水面以及防火储水等作用。因为水的介入，村庄的格局和生活的方式也发生了改变，人们给了陂塘一个更加拟人的名字——"当家塘"。人和陂塘的共同影响，村庄和陂塘周边出现了众多的乡土植物，形成了独特的村庄风貌。

本节主要通过实地生活体验，了解陂塘在江淮人的生活中起到的重要作用，感受人、田、塘的完美关系，领悟江淮岭上人家独特的生活智慧。

（一）江淮乡村的空间格局

（1）江淮村庄的外部格局

江淮地区从来都不缺陂塘，只要有村庄，就会有陂塘的身影，有些位于村庄附近，有些位于村庄的内部。江淮地区在丘陵脚下一般都是大片农田，农田一般都紧挨着村庄，陂塘因为灌溉和生活的需要常常位于农田中或村庄和农田之间，所以就形成了村庄、农田和陂塘的三元结构（图4-13）。

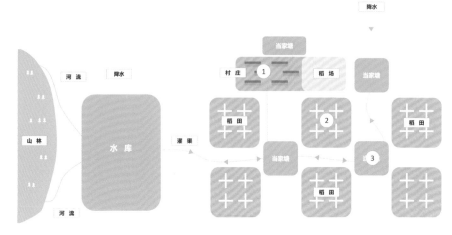

图4-13　江淮村庄外部格局

（2）村庄的内部空间

江淮地区的村庄其实没有特别的规律，因为平原较多，所以房屋的排列也一般较为随意，但基本是坐北朝南。三三两两成一组，几组构成一个自然村，形成一个居住聚落。每户常有较大的院落，而在房前和屋后都喜欢种植大乔木，也有不少乡土果树。因为生产和生活的需要，

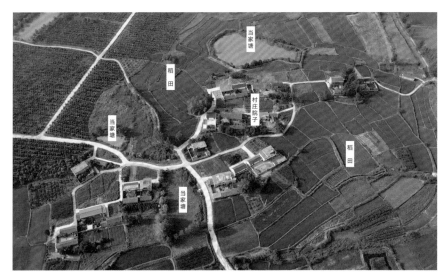

图4-14　江淮村庄内部格局

还会就地硬化一片场地作为晒稻和活动的空间。菜园和稻田就在房屋周边，一般再配备一口陂塘。日常洗涮、饮水、浇水等日常生活都很方便。

（3）"当家塘"真当家

随着发展和变化，陂塘在民众的生活中也起到重要作用，很多日常活动是依托陂塘进行的。借助村庄附近的陂塘水面，民众可进行一定的水生作物种植、家鱼养殖、日常淘洗、牲畜饮水、孩童戏水等。巢湖流域的陂塘系统，已有1200多年的历史。当家塘是巢湖流域人民在深刻理解地区自然气候特征基础上，一代一代传承的生态系统工程。其旱能补水，涝能蓄洪，具有巢湖流域典型的历史文化特征，是宝贵的人类非物质文化遗产。

（二）江淮丘陵的生活方式

（1）江淮丘陵人家的一天

江淮地区人们在生活中是离不开当家塘的（图4-15）。从清晨的收虾篓，到上午的洗衣洗菜、再到下午的塘边聚会、傍晚的菜园施肥浇水，一直到夜晚灯火初上，水中倒映着村庄的点点灯光，"当家塘"已经完全融入到江淮乡村的生活之中。"当家塘"在日常生活中起到的作

图4-15 江淮"当家塘"

用已不单单是灌溉的水利设施，更像是村庄一员。

（2）爷爷家的稻场和谷堆

江淮地区的农业生产以水稻种植为主。在陂塘的灌溉保障下，稻谷得以顺利丰收。在秋收农忙季节可以看到家家户户都在门前的稻场进行打谷、筛稻等场景。经过筛选的稻谷一般需要在天气晴好的时候进行长时间的晾晒，确保稻壳的水分蒸发，有利于长时间的储存。江淮地区家家户户都有自己的粮仓，晾晒完的稻谷将会收入粮仓进行贮藏。打完稻谷的稻草会堆在稻场的一角，形成很有特色的草堆，一个个犹如小堡垒一样。而这也是乡村生活的重要缩影，是江淮农耕文化的重要内容。

村庄外围的杨树

（3）外婆家的厨房和饭菜

江淮村庄因为陂塘的原因，增加了大面积的水面。同时，也带来农作物种类的改变，水中养殖的家鱼，水面种植的菱角和莲藕，都是重要的食物来源，也决定了江淮人们的餐桌饮食结构。儿时外婆家的土灶烧出的饭菜味道，都是人们难以忘怀的乡愁。

房前的水杉树

（三）江淮乡土的植物

（1）江淮乡土树种

管湾国家湿地公园拥有众多乡土优势树种（图4-16），旱柳、垂柳、构树、桑树、刺槐、乌桕

门前的香椿和臭椿

图4-16　当地乡土树种

等。同时该地区的人们喜欢在房前屋后种植香椿、柿树、香樟、杨树等。

（2）江淮乡野草本

管湾国家湿地公园内拥有众多的农田和陂塘，在田埂和塘埂形成了非常有代表性的乡土草本植物群落，如蓼、雀稗、苘麻、蓬。同时，在管湾水库驳岸和消落带也有代表性的植物群落分布。

四
生机万物的共生

江淮地区的陂塘经过几千年的发展演变，功能也随着农业生产力的发展在改变。随着时间的推移，许多陂塘遭到废弃，废弃的陂塘逐步被自然环境所取代。正常使用的陂塘也逐步形成了围绕着陂塘的生态小环境。丰富的植被以及陂塘水系的形成逐步凸显陂塘的生态功能——在防洪、净化水环境、丰富生物群落等方面具有重要意义。

本节主要通过观察湿地的动植物分布特点，从湿地生物的视角赋予陂塘更深层次的意义。作为一种独特的人工小微湿地类型，陂塘为各类植物、动物提供了近似天然的栖息地，更是人与自然和谐相处的样本。

（一）独特的湿地系统

（1）管湾国家湿地公园特色植物群落组合

管湾国家湿地公园内从水体至陆地土壤含水量差异明显。因此，植物群落类型非常丰富，形成了多种植物群丛。典型的群丛如"半边莲+狗牙根+江南荸荠"群丛、"长芒稗+牛鞭草+豆茶山扁豆（豆茶决明）"群丛、"酸模叶蓼+半边莲"群丛、"牛鞭草+狗牙根+半边莲"群丛等。

陆生植物群丛中，杨树群丛为人工种植形成，为单优群落；构树群丛则主要分布于村落的四周或杨树群丛的周边；其他草本植物群丛则主要分布于废弃的村庄、岗地或撂荒的农田区域。

（2）库塘消落带植物群落特点

消落带（图4-17）是指季节性或人为控制水位消长，在水库周围形成反复淹没和出露的带状区，具有水陆双重属性。因此，形成了独特的生物群落。沼生植物群丛主要分布于近水低洼处，这些区域的土壤长期处于饱和或过饱和状态。典型的植物群丛包括：槐叶萍群丛、紫萍+浮萍群丛、莲群丛、菱群丛、金鱼藻群丛、苦草群丛、菹草群丛、聚草+苦草群丛、茨藻+苦草+竹叶眼子菜群丛、荇菜+聚草+大茨藻群丛等。

（3）典型净水植物的功能与特征

水生植物对污染物具有拦截作用。水生植物通过叶片的光合作用向根系输氧，又从根系向周围水体及底泥释放氧气，植物根系产生化学反应形成生物膜。一方面可以有效降解有机质，另一方面可以吸收营养盐、有效分解污染物。大多数湿地植物都具有良好的生态净化功能。部分超积累植物还能吸收水体中的锌、铜等重金属，起到净化水体的作用。

图4-17　库塘消落带

① 挺水植物

挺水植物具有根系发达、生长迅速和生物量大等特点，能有效降低水体中的氮、磷、有机物以及吸收重金属。芦竹、花叶芦竹、菰（茭白）、芦苇、香根草、香蒲、菖蒲、风车草（旱伞草）、水葱、灯芯草、黄菖蒲、水竹芋（再力花）等都具有较好的水体净化能力。适宜种植在驳岸的草本耐湿植物有海芋、马蹄莲、野芋（紫芋）、南荻、狼尾草、吉祥草、萱草、玉簪、鸢尾、薹草、三棱小葱（藨草）、苜蓿、千屈菜和美人蕉等。

② 浮水植物

浮水植物无需种植基质，具有生长速度快、吸收污染物能力强等特点。常用于净化水体的浮水植物有大藻、菱角、满江红、浮萍、凤眼莲等。浮水植物的生长方式比其他植物更具有入侵性，因此要慎重选择并且在种植后严加管理，如凤眼莲。

③ 沉水植物

沉水植物的植株均位于水面以下，根系有时发育不良或退化。植物的各个部位都能吸收水中的水分和氮、磷等营养物质，气体传输能力强，因此可在水中生长，不仅可为微生物提供代谢场所，也有很强的水体净化作用。常用于净化的沉水植物有穗状狐尾草（金鱼藻）、苦草、伊乐藻，狐尾藻、菹草等。

（二）丰富的鸟类家族

（1）管湾国家湿地公园鸟类

截至2022年，管湾国家湿地公园共记录到鸟类4778只，隶属于14目42科99种，其中国家二级重点保护鸟类5种：松雀鹰（*Accipiter virgatus*）、普通鵟（*Buteo japonicus*）、水雉（*Hydrophasianus irurgus*）、小天鹅（*Cygnus columbianus*）与白琵鹭（*Platalea leucorodia*）；安徽省一级重点保护鸟类10种，如大杜鹃（*Cuculus canorus*）、红嘴蓝鹊（*Urocissa erythroryncha*）等，省二级保护鸟类8种，如绿翅鸭（*Anas* crecca）、斑嘴鸭（*Anas zonorhyncha*）等。

①鹭科

鹭科是湿地常见的鸟类，通常具有长嘴、长颈、长脚的外形。湿地公园里常见优势物种有大白鹭、白鹭、牛背鹭、夜鹭和池鹭等，主要分布于安徽管湾国家湿地公园南岸滩涂及人工湿地浅水区域，一般常在树林中筑巢混居。鹭鸟捕食时常单独行动，即便被丰富的食物吸引而集群在一起，也不会合作捕食，反而会争抢食物。鹭鸟繁殖时多喜欢集群在一起，甚至在同一棵树上筑巢。不同种类的鹭鸟也会将巢筑在一起，如夜鹭和白鹭。由于生活习性、捕食习惯不同，它们昼夜交替互为看护。

②鸻鹬科

鸻鹬科作为典型的涉禽，大多是中小型体型，其跗跖较长，有着便于涉水觅食的大长腿，以及为了觅食进化出的形态各异的喙部。主要分布于管湾水库岸边浅滩。每年公园迎来的第一批鹬科鸟类往往是留在公园繁育的黑翅长脚鹬。而后其他鸻鹬科鸟类陆续而来短暂停留后便又离去。部分鹬类在迁徙过程中可以连续飞行上万千米。如从湿地公园路过的金斑鸻是候鸟中飞行耐力的记录者，它们能夜以继日不停歇地飞行约3000千米。不同的鹬科鸟类在觅食方式和摄取食物类型等方面差异很大。因此，它们的栖息地偏好也存在种间差异。

喙的分化使得鹬科鸟类可以采用不同的觅食方式利用多样的食物资源，减少种间竞争。一般鹬科的喙主要有笔直的黑尾塍鹬，上翘的青脚鹬和下弯的杓鹬类。在水库浅水区觅食活动的鹬科鸟类，通常采取有策略的集群猎捕食物。如青脚鹬和泽鹬等，在集群觅食时常常一起将较深水域的鱼类驱赶至浅水区域，或是不停地驱赶来消耗鱼类的体力，以易于捕捉。

③黑水鸡

因为头顶具有鲜艳的红色"额甲"，也被称作"红骨顶"。虽然像鸡又似鸭，但黑水鸡和鸡鸭的关系并不怎么紧密。动物分类里黑水鸡属于鹤形目秧鸡科，与鹤类亲缘关系更近。在国内，凡是有平静水面的地方，几乎都能看到黑水鸡的身影。黑水鸡兼具了游禽和涉禽的诸多特点。实际上它也确实是个综合型的全能运动员，奔跑、攀爬、游泳、飞行，样样都可以，必要时刻还会潜水。尽管单项表现并不算太突出，但应付日常生活已绰绰有余。

④小䴙䴘

小䴙䴘，䴙䴘类中体型最小的一种，肥胖且扁平，繁殖期时脸颊和前颈呈红栗色。常在小块浅水湿地范围内活动，偶尔也出现在植被环绕的水库边。性胆怯，察觉到危险时通常赶紧潜入水中，或是快速躲入茂密水草中。特别擅长潜水和游泳，但陆地行走缓慢且笨拙。陆地起飞也很困难，需要涉水助跑后才可起飞。飞行距离也不远，在湿地公园内靠近库区的几个内陆湖泊均有小䴙䴘的身影。它们主要靠夜间转移，夜晚时从水中上岸到周边的浅水湖泊营巢栖息。一般会在开阔水域筑造浮巢，巢由水生植物缠绕而成，水下系在沉水植物上固定。

⑤绿翅鸭

绿翅鸭是一种体型略小、飞行快速的鸭类。绿色翼镜在飞行时显而易见。常在管湾水库水草丰盛的浅水域活动，与其他鸭类混在一起觅食休憩。主要以植物性食物为主，特别是水生植物种子和嫩叶，有时也到附近农田觅食散落在地上的谷粒。

⑥天鹅

除了繁殖季的天鹅，一般都是以家庭为单位的群体活动，在每月10—11月，经常有大批天鹅在鱼塘附近栖息活动，大天鹅和小天鹅长相非常相似，除了体型外，唯一的区别就是嘴巴。小天鹅嘴基黄色，且黄色延伸至鼻孔后。大天鹅嘴基黄色，嘴尖黑色，楔形黄斑由两侧向前延伸穿过鼻孔。大天鹅和小天鹅也常在一起活动，它们在生活习性上相似。

⑦喜鹊

喜鹊是全世界广泛分布的鸟类，喜欢生活在有人居住的地方。在中国文化中，喜鹊是非常受欢迎的一种鸟类，是好运与福气的象征。实际上，喜鹊远比人们想象的要"凶恶"得多。它们非常好斗，而且时常小偷小摸地搞破坏，袭击其他动物，到处惹是生非。喜鹊是一种集体行动的鸟类，有地盘感，若是踏入其他喜鹊的地盘会遭攻击。它们的攻击力不比鹞、隼等猛禽差。

喜鹊的窝看似简陋，其实内部构造相当复杂和"奢华"。喜鹊筑巢，单是"地基"就需要下很大功夫。待到"地基"建好后，把小树枝按照粗细大小，有规律地穿插在一起。较重的一端偏高一些，这样一来就能保证巢穴的稳固性了。待小树枝放稳，还要一点一点地把泥土叼过来砌在外面。最后再铺一层细草、羽毛之类的，既结实保温又舒服实用。

⑧珠颈斑鸠

珠颈斑鸠的上体羽以褐色为主，头颈灰褐色，染以葡萄酒色；额部和头顶灰色或蓝灰色，后颈基两侧各有一块具蓝灰色羽缘的黑羽，肩羽的羽缘为红褐色；上背褐色，下背至腰部为蓝灰色；尾的端部蓝灰色，中央尾羽褐色；颏和喉粉红色。栖息在公园的林地，主要在林缘、耕地及其附近小群活动。飞行似鸽，常滑翔。鸣声单调低沉，警惕性甚高。觅食高粱、麦子、稻谷以及果实等，有时也吃昆虫的幼虫。巢筑在树上，一般距地面高3～7米，用树枝搭成，结构简单，巢形为平盘状。每窝产卵2枚。

⑨麻雀

麻雀，最为常见的雀形目鸟类，是雀科麻雀属27种小型鸟类的统称。它们的大小、体色甚相近。一般上体呈棕色、黑色的斑杂状，因而俗称麻雀。麻雀是杂食性鸟类，不同季节会取食不同的食物，春夏季节昆虫活动频繁，植物较少结出果实，麻雀的主要食物是各种昆虫，而秋冬季节，各种植物包括人工种植的作物结实，昆虫活动逐渐减弱，麻雀的主要食物则为各种植物的种子、果实，尤以各种作物为主。麻雀成群活动，常在有很多洞的老树群或灌丛的根部筑巢，公园里连片的芦苇丛就是它们的家园。

⑩八哥

八哥的体色主要呈乌黑色，主要成群活动在山林、平原或者村庄中。性喜结群。常立水牛背上，或集结于大树上，或成行站在屋脊上，每至暮时常呈大群翔舞空中，噪鸣片刻后栖息。夜宿于竹林、大树或芦苇丛，与其他椋鸟混群栖息。常在翻耕过的农地觅食，或站在家畜背上啄食寄生虫。夜栖地点较为固定，常在附近地上活动和觅食，待至黄昏才陆续飞至夜栖地。野生八哥食性杂，主要以蝗虫、蚱蜢、金龟子、蛇、毛虫、地老虎、蝇、虱等昆虫及昆虫幼虫为食，也吃谷粒、植物果实和种子等植物性食物。

（2）鸟类与栖息地的关系

根据鸟类的行为习性，可以分为陆禽、游禽、涉禽、攀禽、猛禽和鸣禽。管湾国家湿地公园常见的鸟类以游禽、涉禽为主。不同种类的鸟对水深的要求不同，具体见图4-18和表4-1。

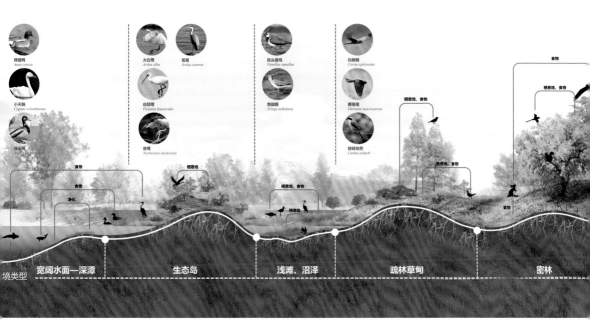

图4-18 鸟类栖息地示意图

表4-1　不同鸟类栖息地特征

类型	主要特征	适宜生存的鸟类
深水区	具有一定面积的开敞水面，水位较深。水域内具有丰富的水生植物群落、丰富的鱼虾贝类等浮游生物以及水生植物	游禽类（冬候鸟居多）
浅滩/沼泽	位于河流湖泊的边缘地带，岸线复杂多样。水生植物、湿生植物、陆生植物的种类很多，其中鱼虾贝类等浮游生物也异常丰富，具有超高的生物多样性	涉禽、游禽类（鹭鸟居多）
孤岛/生态岛	是指四面环水的小块陆地，是部分游禽和涉禽繁殖筑巢的场所	涉禽、游禽类（如雁鸭类）
疏林草甸	以当地乡土草种组成，草地中昆虫等生物多，水源涵养能力强，但隐蔽性差，是一些陆禽的巢营地	鸣禽、游禽、涉禽、陆禽等均有分布
林地灌木	植被郁闭度高，植物群落结构复杂；空间异质性较高，生物多样性高	鸣禽、陆禽、攀禽

　　不同种类的鸟习性和喜爱的栖息地环境均不相同，取食习惯与食性亦有所差别。表4-2是管湾国家湿地公园常见鸟类的食性、习性和栖息环境。

表4-2　管湾公园常见鸟类食性与习性

	栖息环境	食性	习性	迁徙类型
白鹭	栖息于稻田、湖畔、沼泽地等浅水湿地	主要以鱼、虾等水生动物及其他小型无脊椎动物为食	常单独或成对或结成小群活动，有时亦与其他鹭混群，或与黑尾鸥同栖；警惕性强	夏候鸟/留鸟
牛背鹭	栖息于山区农田、近水草地、沼泽等区域	主要捕食水牛及家畜从草地上引来的昆虫，兼食鱼、虾、蛙等水生动物	成对或小群活动，有时亦单独或集成数十只的大群；喜欢啄食翻耕出来的昆虫和牛背上的寄生虫	夏候鸟

	栖息环境	食性	习性	迁徙类型
夜鹭	栖息于溪流、水塘、江河、沼泽和水田附近，白天常隐蔽在沼泽、灌丛或林间	主要以鱼、蛙、虾、水生昆虫等动物性食物为食	夜出，喜结群，常成小群于晨昏和夜间活动，白天结群隐藏于密林中，或分散成小群栖息在灌丛或高大树木的枝叶丛中，偶尔单独活动	夏候鸟/留鸟
黑鸦	喜栖于湖泊、池塘、稻田、沼泽等水生植物茂密的湿地	以小鱼、泥鳅、虾和水生昆虫为食	夜出，主要在黄昏和夜间活动，常单个或成对在开阔的多植物的水域活动	夏候鸟
小白鹭	常栖息于河川、海滨、沼泽地或水田中	以各种小鱼、虾、昆虫幼虫、水生昆虫等动物性食物为食，也吃少量谷物	白天觅食，晚上休息。喜集群，常小群活动于浅水处，成散群进食，常与其他种类混群	夏候鸟/留鸟
黑水鸡	栖息于富有挺水植物的淡水湿地中	以动物性食物为主，食水生昆虫、软体动物等，也吃水生植物嫩叶、幼芽、根茎	常成对或成小群活动，善游泳和潜水，遇人立刻游进苇丛或草丛	夏候鸟/留鸟
小䴙䴘	喜开阔水域和多水生生物的湖泊、沼泽、水田	食物以小鱼、虾、昆虫等为主	常单独或成小群活动。繁殖期在水面追逐鸣叫，在芦苇丛等隐蔽处以水草营造浮巢	留鸟
青脚鹬	湖泊、河流、水塘和沼泽地带，喜欢在有稀疏树木的湖泊和沼泽地带	以虾、蟹、小鱼、螺、水生昆虫和昆虫幼虫为食	多在水边或浅水处单独、成对或成小群活动	旅鸟/冬候鸟

（三）多样的其他动物

（1）湿地公园中的昆虫

昆虫是现今陆生动物中最为繁盛的类群，与人类关系密切而复杂。

无论是个体数量、生物量、种数与基因数，昆虫在生物多样性中都占有十分重要的地位。湿地中生活着种类众多、数量巨大的昆虫，昆虫是湿地生态系统物种多样性的重要组成部分。部分昆虫对环境变化非常敏感，河流、湖泊等湿地的生态环境一旦遭到破坏或污染，这些昆虫就会消失，是环境变化的指示物种。

萤火虫是一种完全变态发育的昆虫，一生要经历卵、幼虫、蛹和成虫4个阶段。大约每年5月，发育成熟的幼虫便会上岸，寻找潮湿的泥土营巢化蛹。羽化后，水生萤火虫的成虫便从土中钻出，开始了自己一生中最后的"灿烂"。萤火虫的幼虫一般在1～2厘米，身体长而扁平，身上长满复杂的花纹。头部除了可伸缩的触角、单眼和其他附属器官外，最明显的便是深褐色的针状大颚。发光是萤火虫的"征婚"信号。每当夏季日落之后，栖息在湿地里的水生萤火虫成虫便开始发光。雄性萤火虫会从草丛里飞起来，开始发出自己特有的闪光信号，雌性萤火虫会显得比较腼腆和矜持，它们只是躲在草丛中发出闪光信号。当飞在空中的雄性萤火虫发现了雌萤火虫的闪光之后，便立即飞过来，再经过一系列非常复杂的信号交流，萤火虫才开始交配。不过，萤火虫发光的目的可不仅仅是为了求偶。其实萤火虫的一生都会发光。当它们还是幼虫的时候，还在水里的它们便会腹部朝上发出微弱的光；而蛹期的萤火虫一旦受到惊吓，也会发出持续性的闪亮；当萤火虫成虫刚羽化时，幼虫发光器和成虫发光器会同时并存于它们的体内，如果此时受到惊扰，两种发光器就会同时持续性发光，直到数小时后，成年萤火虫身体里的幼虫发光器才会消失。水生萤火虫是一种非常敏感的环境指示生物。河流、湖泊以及湿地的生态环境一旦遭到破坏，它们就会很快死去。

（2）湿地公园中的兽类

① 刺猬

刺猬广泛栖息在公园的林间、草地、农耕地、灌草丛等各种生境中。刺猬是异温动物，因为它们不能稳定地调节自己的体温，使其保持在同一水平，所以刺猬在冬天有冬眠现象。

刺猬喜欢挖洞，常在树根、倒木下及石墙缝隙中做窝，窝内铺树叶、干草和苔藓等垫料。适应朦胧光，白天大多隐藏在窝内。而在黄昏时分出窝活动，靠敏锐的嗅觉四处觅食。食物以昆虫及其幼虫为主，兼食小型鼠类及幼鸟、蛙、幼蛇、蜥蜴等小型脊椎动物。有时也以橡实、野果等植物性食物充饥。一晚上能吃掉200克的虫子，其中大多是农业害虫，因此有利于农业。刺猬在环境中发现某些有气味的植物时，会将其咀嚼然后吐到自己的刺上，使自己保持周围环境的气味，防止被天敌发觉，有时也在刺上沾染某些毒物，抵抗攻击它的敌人。

② 黄鼬

黄鼬是鼬科的小型的食肉动物，体形中等，身体细长，体长28～40厘米，尾长约为体长一半，头细，颈较长。耳壳短而宽，稍突出于毛丛。冬季尾毛长而蓬松，夏秋毛绒稀薄，尾毛不散开。栖息于山地和平原，见于林缘、河谷、灌丛和草丘中、也常出没在村庄附近，擅长攀缘登高和下水游泳。常见公园林区或田野耕地中。

黄鼬冬季常追随鼠类迁移而潜入村落附近，在石穴和树洞中筑窝。黄鼬的警觉性很高，时刻保持着高度戒备状态，一旦遭到追击，在没有退路和无法逃脱时，黄鼬就会凶猛地对进犯者发起殊死反攻，无畏且凶猛。

③ 草兔

草兔的耳朵非常特别，可以向着它感兴趣的方向随意地灵活转动。当它来到新环境或者见到一个没有见过的物体时，就会竖起警惕的双耳仔细探听动静。如果处在它认为是安全的环境中时，耳朵则下垂。此外，它的耳朵还遍布无数的毛细血管，当它体内的热量过高时，它的耳朵还可以作为调节体温的散热器，竖起时可以散热，紧贴在脊背时可以保温。

草兔只有相对固定的栖息地。除育仔期有固定的巢穴外，平时过着流浪生活，但游荡的范围相对固定，不轻易离开所栖息地。春夏季节，草兔在茂密的幼林和灌木丛中生活；秋冬季节，百草凋零，草兔用前爪在一丛草或一片土疙瘩处挖出浅浅的小穴藏身。

五
生态屏障的固守

管湾国家湿地公园的陂塘通过水系的贯通，形成了具有重要生态意义的湿地生态系统。同时，小型陂塘是重要的小微湿地类型，是构成城市湿地、村庄周边湿地的重要湿地形式之一。管湾陂塘湿地为城市湿地的发展提供了样本，同时陂塘湿地的营建和修复可以作为湿地建设的重要技术进行推广，为湿地生态建设提供技术支持。

本节从生态共建的角度，认识湿地环境保护和修复对城市供水和农业灌溉的重要性，同时探索陂塘湿地模式的保护和推广，为生态保护和经济发展提供一种新的解决方案。

（一）江淮生态屏障的构建

管湾国家湿地公园是维持管湾水库周边生物多样性、保障江淮分水岭地区区域生态安全、完善环巢湖地区湿地保护网络的关键区域。

（1）合肥饮用水源地的储备

管湾水库不仅是省会合肥的备用水源地，更是肥东县饮用水水源地，承担下游城镇供水及防洪任务。公园内的管湾水库是淠史杭灌区的中型反调节水库，进水面积67平方千米，总库容2420万立方米，兴利库容960万立方米，有效灌溉面积1600公顷，保收面积1333.33公顷。大坝为均质双坝型，坝顶高程48.8米，最大坝高15米，坝长2010米。

（2）合肥湿地城市的重要节点

湿地被誉为"物种基因库"和"生命的摇篮"。国际湿地城市是国际上城市湿地生态保护方面规格最高、分量最重的一项荣誉。2019年8月，合肥市政府印发了《合肥市创建申报国际湿地城市工作方案》，合肥随后积极开展申报工作。经过合肥市近几年在湿地保护管理的投入，截至2022年，合肥市湿地总面积为11.82万公顷，湿地率为10.33%，占全省湿地总面积11.35%，居全省第二。合肥市湿地保护地体系完善，包括重要湿地、湿地公园、水源保护区、水利风景名胜区等多种形式的湿地保护地。合肥全市有国家重要湿地1处，国家湿地公园5处、省级湿地公园3处，湿地保护率达75%。管湾国家湿地公园的建设也是助推合肥创建国际湿地城市的重要力量。创建国际湿地城市是合肥扩大国际影响、走向世界的有效途径之一。有了这张重要生态名片，对提升合肥城市的知名度、美誉度，促进国际化意义重大。

（二）小微湿地的重要作用

（1）小微湿地

2018年2月，在斯里兰卡召开的国际湿地公约第十三届缔约方大会预备会上中国政府提出了《小微湿地保护与管理》的决议草案。这是我国首次向国际湿地公约组织提交决议草案，引起了全球各国的热烈响应。小微湿地成为人们关注的焦点。

小微湿地是指全年或部分时间有水、面积在8公顷以下的近海和海岸湿地、湖泊湿地、沼泽湿地、人工湿地以及宽度10米以下、长度5千米以下的河流湿地，包括小型的湖泊、坑塘、河浜、季节性水塘、壶穴沼泽、泉眼、丹霞湿地等自然湿地和雨水湿地，湿地污水处理场、养殖塘、水田、城市小型景观水体等人工湿地。

小微湿地的主要特征是面积较小，分布不均匀，常常因为自然地理或人为干扰等被分隔成斑块状，各个斑块之间的联系相对比较低，无完整的水系结构。小微湿地一般以明水面为中心，以林地、农田、塘埂、石坡、道路等为边界，呈线性或块状分布。

小微湿地可分为自然型湿地及人工型湿地两大类。

自然型小微湿地是自然演变形成的，主要包括小湖泊、河湾、池塘、沟渠、坑塘、河浜、季节性水塘、壶穴沼泽、碟形洼地、壶型泡沼泽、溪流、泉眼、丹霞湿地等。自然型小微湿地具有面积小、生物多样性丰富、梯度变化较大和环境变化反应敏感的特点。

人工型小微湿地是指受人为因素干扰形成的孤立的湿地景观板块或人类为了改善生存环境，人为模拟自然湿地，设计与营造的由基质、植物、微生物及水体组成的复合体，主要包括农田中的低洼地、雨水湿地、湿地污水处理场、城市小型景观水体、养殖塘、水田等。人工型小微湿地具有自然属性弱化，人文属性突出，景观、休闲娱乐等社会服务功能显著增强的特点。

管湾国家湿地公园中的陂塘大多属于人工型小微湿地的范畴，但部分陂塘受人为干扰小，已经具备了自然型小微湿地的特点。这类型的陂塘周边的生物群落更接近自然的演替，整体生态环境已趋于自然状态。

（2）小微湿地的主要作用

①良好的生物庇护所

小微湿地的周长、面积比比大型湿地大，可以为植物、昆虫、两栖动物、鸟类等湿地生物提供更多适宜的浅滩栖息地，是十分良好的生物庇护所。多个小微湿地的植物丰富度和多样性加起来一般要比单个大型湿地高。在相同的湿地面积损失下，多个小型、孤立的湿地的物种损失量往往比单个大型湿地的物种损失量多。同时，由于许多小微湿地存在季节性干旱，造成一段时间内没有掠食性鱼类采食两栖动物的卵，使得两栖动物更偏向于在小微湿地中生存，小微湿地的两栖动物多样性比大型湿地高。同样，小微湿地的季节性干旱也给了昆虫繁殖的机会，因而其生物多样性较高。大量的植物、昆虫等为湿地水鸟提供了充足的食物来源，也使得小微湿地存在较高的鸟类多样性。

②重要的洪水调蓄体

小微湿地能有效地吸收和储存洪水，调节小环境的水位。生长在湿地的树木和草本层能够对大雨带来的洪水进行阻挡，缓解洪水速度，减少洪水带给人类的灾害。小微湿地通常比大型湿地具有更高的蒸散速率，可以更有效地减少地表径流，从而调蓄洪水。

③ 优质的净化器、加湿器

自然或人工小微湿地可以极大地发挥不同生物的净化能力，通过物理、化学、生物等作用，水中的有机物、氮、磷、重金属和一些有毒、有害物质沉淀、降解或进入生物循环链条，实现污水的低成本生态处理独特的气候调节器。

小微湿地表面的水分蒸发、热量交换以及植被的蒸腾作用等都会直接或间接地影响区域气候环境。植物的蒸腾作用可以把一部分水分蒸发到大气中，参与大气水循环过程，提高大气湿度，以降水的形式返回到周围环境中，起到湿润环境和调控温度的作用，促使当地气候趋于稳定，形成独特的气候调节器。

④ 绝佳的娱教场所

小微湿地在城市及乡村的景观建设、文化传承、公众休闲和提高自然科学知识方面具有积极作用。小微湿地广泛分布在城郊农村区域，其保护恢复和合理利用可以有效提高农村景观，为当地民众提供便捷的休闲活动场所，通过科普宣教设施提升当地社区群众的环境保护意识，极大地促进美丽乡村的发展。

（三）小微湿地的保护修复

（1）陂塘湿地修复模式

① 微地形设计

在库塘底部采用局部深挖的方法，形成浅滩区（0～1米）、浅水区（1～2.5米）和深水区（2.5～5米）等深浅不同的区域，最深处可达5米。深潭浅滩的塑造是为了构建不同深度的水体，使得不同区域水体动力学条件存在较大差异，较浅的区域受风浪影响相对较大，沉积物多为悬浮状态，水深较深的区域受风浪扰动小，水体中颗粒物沉积，实现沉积物中碳、氮、磷等元素空间上的再分配。浅水区和深水区对应的库塘底部地形较缓，水位下降会出现大量滩地，为涉禽留下大量觅食空间；水位上升，水面较广，为游禽创造宽阔的空间，有利于生境异质性的增强和生物多样性的增加。

②植物配置

在陂塘建设过程中要注重植物的选择，要依据本地地理特征、气候、温度、土壤合理进行植物配置，以达到生态平衡目的，既满足生态功能的作用，也具有可观赏性。应优先考虑其生态性，其次是观赏性。一是尽可能选择对水污染或土壤污染具有较强净化和吸附作用的当地本土植物，或本地区自然湿地中尚存的植物。植物的根系比较发达，以发挥固土及护坡等功能，如莲、香蒲、金钱蒲、水葱、灯芯草、千屈菜等。二是要选择适应性强且抗病虫害的湿地植物，如芦苇、乌桕、柳树、枫杨等既能短期淹水、又能抗旱的湿地植物。三是选择养护管护简单、自然生长的植物，如木芙蓉等自然形态优美的植物。陂塘湿地营造同样要按水生、湿生植物的生态习性进行深水、中水及浅水的植物配

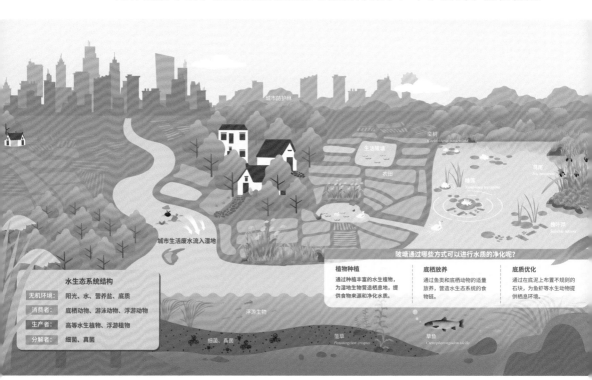

　　图 4-19　陂塘水生态修复策略

置。结合景观生态学理论，科学合理地运用具有较高观赏价值的湿地植物，兼顾观赏要素，以自然化的理念创建既富自然野趣又有诗情画意的观赏活动空间。

（2）陂塘型湿地的推广和应用

陂塘在江淮地区分布较广，同时在丘陵地区也有较普遍分布。陂塘湿地的修复模式有较好的操作性和适应性，对地形只做局部的调整即可。同时，植物类型也有较强的适应性，因此，在不同地区推广时有很大的潜力。

湿地公园可以采用整体环境改造的形式，修复陂塘湿地生态系统。整个生态工程可以纳入湿地公园建设和改造过程中，同时应充分考虑环境的修复和栖息地的营造。

位于城郊和乡村的小微湿地可以结合村庄整治开展修复工作，在编制规划过程中以陂塘型小微湿地恢复与修复为基础，提升陂塘的蓄水、储水的能力，同时改善乡村的整体环境。

第五章

解说
空间设计

　　解说空间设计主要是通过合理的空间分区和节点布局策略，帮助访客更为准确地了解场地故事，体验场地资源。管湾国家湿地公园解说空间分区和解说节点从三个方面进行设计：第一，根据管湾国家湿地公园的现场调研和解说主题，找到能够体验解说主题的解说节点；第二，对管湾国家湿地公园的区域特征进行分析，由此对公园进行区域划分，将具有同一性或者具有同一解说主题的区域划为一个大的区域，并在大区域中找到较有特色的小节点，承接解说主题的解说重点和内容，提高区域解说内容的完整性；第三，每个解说节点承担的解说功能和作用不一样，因此需要对解说节点进行分级，可以分为一级解说节点、二级解说节点、三级解说节点，随着公园逐渐发展，还可以依据节点功能和资源的补充，向下继续划分。

解说空间分区

（一）分区策略

解说空间布局需要以访客游憩和重要资源分布为主要依据，在访客可到达的空间范围内，按照空间内资源特征，合理规划一级解说主题和各项资源点。解说空间分区一定是与一个主题内容相关的专项主题区域，在此空间范围内能够集中展现区域特色，空间内解说资源点安排需要符合访客的兴趣、体力、游览习惯、生态体验等规律。

管湾国家湿地公园解说空间分区结合公园编制的修建的详细规划和景观设计规划，参考规划中较为成熟的功能分区和项目布点，通过解说内容进行分区的规划布局。除此之外，在分区时需要对资源分布进行全面分析，考虑在不同功能分区和项目布点中现有解说资源，以解说资源分布情况和特点，综合考虑解说分区的科学性、趣味性和游览性，以满足未来自然教育解说活动需要。

（二）空间分区

管湾国家湿地公园现有自然景观点及自然教育设施点共计52个，从解说内容上看，相同主题的景点与设施较为集中，因此在管湾国家湿地公园的解说空间分区上，可选取空间中最具代表性的内容进行空间划分，尽量做到分区与分区内容各具特色。例如图5-1中的32～44的景观点，可以看出这片区域中主要以农业生产、乡村生活等人文资源为主，考虑其场地的交通动线，因此本区可以单独划分出一个解说功能区。

依据解说空间分区策略及景点设施情况，管湾国家湿地公园解说分区规划将访客可达区域分为四个个主题分区，分别为：原生陂塘博物区、栖息陂塘探秘区、陂塘湿地展示区、生活陂塘体验区。

原生陂塘博物馆区位于公园的主要入口区，再空间规划上主要将陂

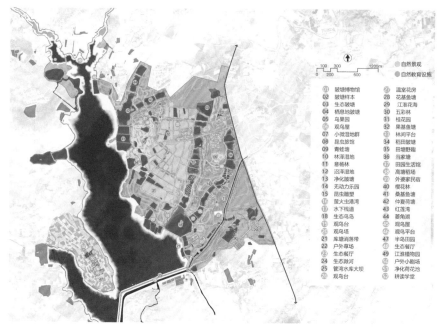

图5-1　管湾国家湿地公园宣教总平图

塘博物的室内空间，及陂塘样本和生态陂塘的室外景点相结合，形成室内外空间联动，在此基础上全面介绍管湾国家湿地公园概况、管湾国家湿地公园内陂塘文化。引导访客进行初步游憩。

栖息陂塘探秘区，汇聚了众多原生陂塘，构成了一幅生动的湿地画卷。这里不仅可以观察到陂塘中大多数的鸟类，更是探索昆虫世界的秘境。此空间可以了解陂塘湿地与万物间微妙的共生关系，感受自然生态的和谐与平衡。

陂塘湿地展示区更多的是从生态共建的角度，通过陂塘净化功能、库塘湿地与城市的关系等揭示湿地环境保护与修复对城市供水、农业灌溉的不可或缺性。通过展示陂塘湿地的独特魅力，为城市可持续发展提供绿色动力与智慧方案。

生活陂塘体验区中保留大量原著村民，稻田等，在这里，陂塘不仅是灌溉之源，更是农业智慧的结晶。访客可通过农业体验等方式近距离感受陂塘灌溉模式的独特魅力，了解千百年来人们如何巧妙利用陂塘，推动综合农业的发展，探索人与自然和谐共生的奥秘。

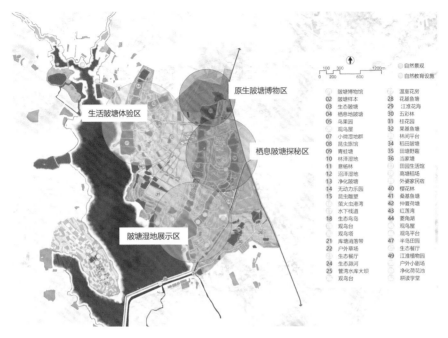

图5-2　管湾国家湿地公园解说空间分区

二
解说节点设计

（一）设计策略

根据场地空间、资源重要程度、设施建设条件将节点分为三个层级：一级解说节点、二级解说节点和三级解说节点。一级解说节点主要是代表管湾国家湿地公园品牌或者重要的游憩节点，如游客中心、陂塘博物馆等。二级解说节点主要是指管湾国家湿地公园中比较有特色的湿地配套设施和活动体验场所，如观鸟屋、自然教室、高塘稻场等。三级解说节点主要是以解说牌或互动装置为主的特色解说节点。此外还可以将管湾国家湿地公园未来发展中具有解说潜力的地点标注为其他解说节点。

（二）总体布局

根据现场的调研和分析，解说空间分区，确定五个一级主题对应的解说节点。

主题一江淮岭脊的缘起。主要引导访客了解江淮分水岭地区的自然环境属性以及典型地域自然环境下的农业生产模式。感受该地区人们在抗旱保收的过程中表露的农业智慧，同时了解陂塘的起源及定义。在公园的建设中，将关于陂塘起源的解说及其相关体验地放置在入口处的陂塘博物馆，作为供访客对于陂塘历史及其相关知识的第一站。

主题二农业生产的坚守。该主题讲述在江淮地区特殊的农业生产环境下，以陂塘为特色的农业灌溉模式是如何诞生的，了解千百年来人们在陂塘的利用中对综合农业的探索。根据管湾国家公园的现有资源分布，结合解说空间分区，选择和主体内容相符的解说节点，将主题二的解说重点在生活陂塘体验区展示稻田陂塘、桑基鱼塘等。

主题三江淮生活的传承。该主题通过实地生活体验，了解陂塘在江淮人们的生活之中起到的重要作用。感受人、田、塘的完美关系，领悟江淮岭上人家独特的生活智慧。该主题解说在生活陂塘体验区结合课程活动展示江淮传统生活。

主题四生机万物的共生。该主题通过观察湿地的动植物分布特点，从湿地生物的视角赋予陂塘更深层的意义。作为一种独特的人工小微湿地类型，陂塘为各类动植物提供了近似天然的栖息地，更是人与自然和谐相处的样本。在栖息陂塘探秘区和陂塘湿地展示区可以观察到相关解说内容。其中栖息陂塘探秘区中的原生湿地陂塘、栖息地型陂塘、生态鸟岛等能够更好观察认识湿地植物和湿地鸟类，也可为后续的课程提供相关场地。

主题五生态屏障的固守。从生态共建的角度，认识湿地环境保护和修复对城市供水和农业灌溉的重要性。同时，探索陂塘湿地的保护和推广模式，为生态保护和经济发展提供一种新的解决方案。管湾国家湿地公园中的陂塘博物馆、陂塘湿地展示区能够更好地对此主题的解说内容展示。

（三）层级划分

依据不同的解说节点在管湾国家湿地公园所承担的功能和解说内容，将解说节点分为一级节点、二级节点以及三级节点（图5-3）。从自然景观点和自然教育设施中选取更能代表管湾国家湿地公园重要资源或者重要的游憩节点的节点。在规划内容时应设计不同的解说主题，形成访客游憩的核心节点，能够更加全面展示管湾国家湿地公园。如陂塘博物馆，位于公园主要入口处，可以集中展示五大解说主题，系统阐述管湾国家公园的资源特色和湿地的重要功能等。田园生活馆，位于人文陂塘区，区别于陂塘博物馆，重点展示陂塘的人文特色和历史记忆。温室花房则是对于江淮乡土植物的展示等。这些都是管湾国家湿地公园的一级解说节点。净化陂塘、观鸟塔、稻田陂塘、当家塘等公园特色的设

分区名称	节点序号	节点名称	节点等级
原生陂塘博物区	1	陂塘博物馆	★
	2	陂塘"样本"	★★★
	3	生态陂塘	★★
栖息陂塘探秘区	4	栖息地陂塘	★★★
	5	鸟果园	★★
	6	观鸟屋	★★
	7	小微湿地群	★★★
	8	昆虫旅馆	★★★
	9	青蛙塘	★★★
	12	沼泽湿地	★★
	10	林泽湿地	★★
陂塘湿地展示区	13	净化陂塘	★★
	15	昆虫雕塑	★★
	16	萤火虫港湾	★★★
	17	水下栈道	★★
	18	生态岛屿	★★★
	19	观鸟台	★★★
	20	观鸟塔	★★
	21	库塘消落带	★★★
	24	生态漫河	★★★
	25	管湾水库大坝	★★★
	26	观鸟台	★★★
	27	温室花房	★★
生活陂塘体验区	32	果基鱼塘	★★
	33	林间平台	★★★
	34	稻田陂塘	★★
	35	田塘野趣	★★★
	36	当家塘	★★
	37	田园生活馆	★
	38	高塘稻场	★★
	39	外婆家民宿	★★★
	40	樱花林	★★★
	41	桑基鱼塘	★★
	42	仲夏荷塘	★★★
	43	红莲湾	★★
	44	菱角湾	★★★
	45	观鸟屋	★★★
	46	观鸟平台	★★★

图5-3　管湾国家湿地公园解说节点分布图

施和活动体验点为二级节点。以解说性标识标牌、课程活动为主、相对较为次要的资源解说节点，如观鸟平台、观鸟屋、原生陂塘湿地、管湾水库大坝、林间休憩点等，是管湾国家湿地公园的三级解说节点。三级解说节点在一、二级节点的基础上有丰富的解说资源与解说活动场所，在不同区域增强访客的游憩体验。管湾国家湿地公园共选取38个解说节点分布于4大解说区域中。

表5-1　解说节点分类

分区名称	节点序号	节点名称	节点等级	节点解说内容	节点解说媒介
原生陂塘博物区	1	陂塘博物馆	★	1.江淮岭脊的起源，2.农业生产的坚守，3.原乡生活的传承，4.生机万物的共生，5.生态屏障的固守	普通游览引导、主题活动解说、专业课程讲演、解说标牌、展陈展示
	2	陂塘"样本"	★★★	1.4.2陂塘的历史进程 1.4.3陂塘的分类	普通游览引导、解说标牌
	3	生态陂塘	★★	1.4.3陂塘的分类	普通游览引导、解说标牌
栖息陂塘探秘区	4	栖息地陂塘	★★★	4.1.1管湾湿地特色植物群落组合，4.2.2不同鸟类与栖息地的关系，4.2.3不同鸟类的食物分布	普通游览引导、解说标牌
	5	鸟果园	★★	4.1.1管湾湿地特色植物群落组合，4.1.4陂塘水净化系统，4.2.5芦苇丛后的生机世界	普通游览引导、解说标牌
	6	观鸟屋	★★	4.2.1管湾国家湿地公园鸟类世界，4.2.2不同鸟类与栖息地的关系，4.2.5芦苇丛后的生机世界，4.2.4浅水与滩涂的常见鸟类	普通游览引导、解说标牌

分区名称	节点序号	节点名称	节点等级	节点解说内容	节点解说媒介
栖息陂塘探秘区	7	小微湿地群	★★★	5.1.1小微湿地的内涵，5.1.2小微湿地的分类	普通游览引导、主题活动解说、解说标牌
	8	昆虫旅馆	★★★	4.3.1昆虫与栖息地环境的关系	普通游览引导、解说标牌
	9	青蛙塘	★★★	4.3.2湿地中的昆虫家族	普通游览引导、主题活动解说、解说标牌
	12	沼泽湿地	★★	4.1.1管湾湿地特色植物群落组合	普通游览引导、解说标牌
陂塘湿地展示区	10	林泽湿地	★★	4.1.1管湾湿地特色植物群落组合	普通游览引导、解说标牌
	13	净化陂塘	★★	4.1.4陂塘水净化系统，5.2.2陂塘型湿地的推广和应用	普通游览引导、主题活动解说、解说标牌
	15	昆虫雕塑	★★	4.1.4密林中不同鸟类的巢穴，4.2.2不同鸟类与栖息地的关系，4.3.2灌木丛中的小生灵	普通游览引导、解说标牌
	16	萤火虫港湾	★★	4.3.3夜间昆虫的聚会	普通游览引导、解说标牌
	17	水下栈道	★★	4.1.1管湾湿地特色植物群落组合，4.1.3典型净水植物的功能与特征，4.1.4陂塘湿地修复的模式	普通游览引导、主题活动解说、解说标牌
	18	生态鸟岛	★★★	4.1.1管湾湿地特色植物群落组合，4.2.4浅水与滩涂的常见鸟类，4.2.5芦苇丛后的生机世界	普通游览引导、解说标牌

分区名称	节点序号	节点名称	节点等级	节点解说内容	节点解说媒介
陂塘湿地展示区	19	观鸟台	★★★	4.2.1管湾国家湿地公园鸟类世界，4.2.2不同鸟类与栖息地的关系，4.2.5芦苇丛后的生机世界，4.2.4浅水与滩涂的常见鸟类	普通游览引导、解说标牌
	20	观鸟塔	★★	4.2.1管湾国家湿地公园鸟类世界，4.2.4浅水与滩涂的常见鸟类，4.2.5芦苇丛后的生机世界，4.2.6湖中游弋的候鸟家族	普通游览引导、解说标牌
	21	库塘消落带	★★★	4.1.2库塘消落带植物群落特点	普通游览引导、解说标牌
	24	生态滁河	★★★	1.3.2近代大型灌区的建设，1.3.4滁河的东西互联	普通游览引导、解说标牌
	25	管湾水库大坝	★★★	1.3.5管湾水库的双向调节	普通游览引导、解说标牌
	26	观鸟台	★★★	4.2.4浅水与滩涂的常见鸟类，4.2.6湖中游弋的候鸟家族	普通游览引导、解说标牌
	27	温室花房	★★	3.3.2江淮乡野草本	普通游览引导、解说标牌
生活陂塘体验区	32	果基鱼塘	★★	2.3.3果基鱼塘的变体-苗木基塘	普通游览引导、解说标牌
	33	林间平台	★★★	4.1.5生态涵养林植物的特点，4.2.7密林中不同鸟类的巢穴	普通游览引导、解说标牌
	34	稻田陂塘	★★	2.1.1早期的陂塘功能模型，2.1.2陂塘的灌溉原理，2.1.3陂塘水利推动农业发展，2.2.1四大家鱼的综合散养，2.2.2菱角的种植与采食，2.2.3莲的种养与采食	普通游览引导、解说标牌

分区名称	节点序号	节点名称	节点等级	节点解说内容	节点解说媒介
生活陂塘体验区	35	田塘野趣	★★★	2.2.1四大家鱼的综合散养，2.2.2菱角的种植与采食，2.2.3莲的种养与采食	普通游览引导、解说标牌
	36	当家塘	★★	3.1.3当家塘真当家，3.2.1江淮丘陵人家的一天	普通游览引导、解说标牌
	37	田园生活馆	★	3.1.1村庄的大格局，3.1.2村庄内部空间，3.1.3当家塘真当家	普通游览引导、主题活动解说、解说标牌
	38	高塘稻场	★★	3.2.2爷爷家的稻场和谷堆，3.2.4村子里的节日活动	普通游览引导、主题活动解说、解说标牌
	39	外婆家民宿	★★★	3.2.3外婆家的厨房和饭菜	普通游览引导、解说标牌
	40	樱花林	★★★	3.3.1江淮乡土树种，4.1.5生态涵养林植物的特点	普通游览引导、解说标牌
	41	桑基鱼塘	★★	2.3.1基塘的农业模式，2.3.2桑基鱼塘的高效农业系统	普通游览引导、解说标牌
	42	仲夏荷塘	★★★	4.1.3典型净水植物的功能与特征	普通游览引导、主题活动解说、解说标牌
	43	红莲湾	★★★	3.3.2江淮乡野草本	普通游览引导、主题活动解说、解说标牌
	44	菱角湾	★★★	3.3.2江淮乡野草本	普通游览引导、主题活动解说、解说标牌
	45	观鸟屋	★★★	4.2.1管湾国家湿地公园鸟类世界，4.2.4浅水与滩涂的常见鸟类	普通游览引导、解说标牌
	46	观鸟平台	★★★	4.2.4浅水与滩涂的常见鸟类，4.2.6湖中游弋的候鸟家族	普通游览引导、解说标牌

★一级节点　★★二级节点　★★★三级节点

（四）解说节点空间设计

在规划与设计过程中，紧密围绕解说节点的丰富内容，对既有场地空间进改造与升级。措旨在深度挖掘并展现资源的独特魅力，同时注入趣味性与互动体验，使访客在探索过程中获得更为深刻与难忘的体验。四大解说分区作为引领，提取关键解说节点，通过优化布局、提升景观、增强设施等手段，让每一处空间都成为传递自然与文化信息的窗口，实现资源特色、趣味与体验性的完美融合。

（1）原生陂塘博物区

原生陂塘博物区，作为访客踏入公园的序章，精心打造以展现管湾

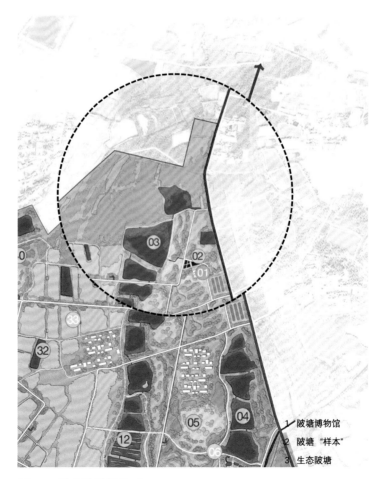

1　陂塘博物馆
2　陂塘"样本"
3　生态陂塘

图5-4　原生陂塘博物区

国家湿地公园精髓为核心。通过展馆生动的展示与互动体验，让访客瞬间沉浸于湿地生态的奇妙世界，深刻感受管湾湿地的独特魅力与生态价值。同时在户外的生态陂塘和陂塘"样本"两个解说据点中应展示管湾国家湿地公园的湿地生物群落平衡结构模式，以及在一年中不同气候、环境等自然条件下陂塘的原生形态。

主要改造解说节点：生态陂塘、陂塘"标本"（图5-5和图5-6）。

建设要点：①当前在地优势植物种群的营建；②外来入侵物种的防

图5-5　水域环境景观设计图

图5-6　生态缓冲带营建设计图

治；③最小化人工干预影响。

（2）栖息陂塘探秘区

鉴于鸟类栖息偏好的多样性，栖息陂塘探秘区致力于对现有生态陂塘实施精细化改造。以陂塘为核心，构建多样化的小微湿地生态系统，模拟自然栖息环境，旨在吸引并庇护更多湿地鸟类及伴生动物、昆虫，共同编织一幅生机勃勃的湿地生态画卷。

主要改造解说节点：栖息地陂塘、鸟果园（图5-7和图5-8）。

建设要点：①不同鸟类对栖息地的要求；②栖息地地形设计要求；

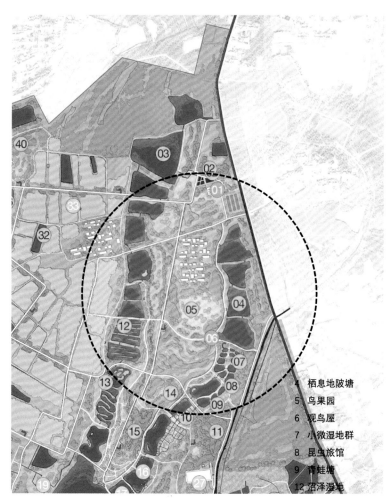

4 栖息地陂塘
5 鸟果园
6 观鸟屋
7 小微湿地群
8 昆虫旅馆
9 青蛙塘
12 沼泽湿地

图5-7 栖息陂塘探秘区

③水文环境要求；④鸟类食物种植要求；⑤特色动物和昆虫栖息地设计。

本区域可以观察到的鸟类有小白鹭、黑水鸡、小鹏鹏、青脚鹬、灰椋鸟、喜鹊、棕背伯劳、珠颈斑鸠等（表5-2）。

青脚鹬
小白鹭
灰椋鸟

黑水鸡
小鹏鹏
小白鹭
珠颈斑鸠

黑水鸡
小鹏鹏
小白鹭
大白鹭

八哥
珠颈斑鸠

图5-8　管湾水鸟分布图

表5-2　管湾水鸟栖息习性

鸟类种名	栖息环境	食性	习性	迁徙
中白鹭	栖息于稻田、湖畔、沼泽地等浅水湿地，与牛背鹭、夜鹭等混群营巢	主要以鱼、虾等水生动物及其他小型无脊椎动物为食	常单独成对或成小群活动，有时亦与其他鹭混群，或与黑尾鸥同岛栖住；警惕性强，见人即飞，人难于靠近	夏候鸟/留鸟
牛背鹭	栖息于山区农田、近水草地、沼泽等区域	喜与牛为伴，主要捕食水牛及家畜从草地上引来的昆虫，兼食鱼、虾、蛙等水生动物	成对或三五只小群活动，有时亦单独或集成数十只的大群；喜欢站在牛背上啄食或跟随在耕田的牛后面啄食翻耕出来的昆虫	夏候鸟
夜鹭	栖息和活动于平原和低山丘陵地区的溪流、水塘、江河、沼泽和水田地上附近的大树、竹林，白天常隐蔽在沼泽、灌丛或林间，晨昏和夜间活动	主要以鱼、蛙、虾、水生昆虫等动物性食物为食	夜出，喜结群，常成小群于晨、昏和夜间活动，白天结群隐藏于密林中僻静处，或分散成小群栖息在僻静的山坡、水库或湖中小岛上的灌丛或高大树木的枝叶丛中，偶尔也见单独活动和栖息的	夏候鸟/留鸟
黑鳽	喜栖于湖泊、池塘、稻田，沼泽等水生植物茂密的湿地	常单独在溪边、水田、湖岸和芦苇沼泽地觅食，以小鱼、泥鳅、虾和水生昆虫为食	夜出，主要在黄昏和夜间活动，但有时白天也活动；常单个或成对在开阔且多植物的水域地方活动	夏候鸟
小白鹭	喜稻田、河岸、沙滩、泥滩及沿海小溪流，常栖息于河川、海滨、沼泽地或水田中	以各种小鱼、虾、水生昆虫及幼虫等动物性食物为食，也吃少量谷物等植物性食物；白天觅食，晚上休息	喜集群，常呈三五只或十余只的小群活动于水边浅水处，成散群进食，常与其他种类混群	夏候鸟/留鸟

鸟类种名	栖息环境	食性	习性	迁徙
黑水鸡	栖息于富有芦苇和水生挺水植物的淡水湿地、沼泽、湖泊、水库、苇塘、水渠和水稻田中	主要吃水生植物嫩叶、幼芽、根茎以及水生昆虫、蠕虫、蜗牛和昆虫幼虫等食物，其中以动物性食物为主	常成对或成小群活动，擅游泳和潜水，遇人立刻游进苇丛或草丛	夏候鸟/留鸟
小䴙䴘	喜开阔水域和多水生生物的湖泊、沼泽、水田。擅潜泳，性怯懦，常匿居草丛间，或成群在水上游荡，极少上岸，一遇惊扰，立即潜入水中	食物以小鱼、虾、昆虫等为主	常单独或成小群活动，繁殖期在水面追逐鸣叫，繁殖期在芦苇丛等隐蔽处，以水草营造浮巢	留鸟
青脚鹬	栖息于湖泊、河流、水塘和沼泽地带，特别喜欢在有稀疏树木的湖泊和沼泽地带	主要以虾、蟹、小鱼、螺、水生昆虫和昆虫幼虫为食；常单独或成对在水边浅水处涉水觅食	常单独、成对或成小群活动。多在水边或浅水处走走停停，步履矫健、轻盈，能在地上急速奔跑和突然停止	旅鸟/冬候鸟

栖息地景观营造：在湿地公园中通过不同的植物，多样的植被群落组成方式、以及复杂多变的水域设计来打造丰富多样的生境类型，吸引更多的鸟类（表5-3）。

表5-3 鸟类特性及栖息地

栖息地类型	主要特征	适宜生存的鸟类
具有开阔水面的深潭	区域具有一定面积的开阔水面、水位较深，水域内具有丰富的水生植物群落、虾贝类等浮游生物和水生植物	游禽类（冬候鸟居多）
浅滩、沼泽	位于河流湖泊的边缘地带，岸线复杂多样。水生植物、湿生植物、陆生植物的种类很多，其中鱼、虾、贝类等浮游生物也异常丰富，具有超高的生物多样性	涉禽、游禽类（鹭鸟居多）

栖息地类型	主要特征	适宜生存的鸟类
孤岛、生态岛	是指四面环水的小块陆地，是部分游禽和涉禽繁殖筑巢的场所	涉禽、游禽类，如雁鸭类鸟类（绿头鸭、豆雁）
疏林草甸	以当地乡土草种组成，草地中昆虫等生物多，水源涵养能力强，但隐蔽性差，是一些陆禽的巢营地	鸣禽、游禽、涉禽、陆禽等均有分布
林地灌木	植被郁闭度高；植物群落结构复杂，空间异质性较高，生物多样性高	鸣禽、陆禽、攀禽

水文环境设计（图5-9）。

水位设计：不同种类鸟类对于水深的要求不同。因此在湿地水域的设计中，根据鸟类的生存习性及对于水深的要求，设计不同深度的水体，满足多种鸟类的需求。

水鸟生态类群	适宜的水域深度	主要代表类群
小型涉禽	0.1～0.4米的浅水区	青脚鹬、凤头麦鸡等
大型涉禽	0.4～0.75米的中深水区	苍鹭、大白鹭、白琵鹭等
游禽	水深大于0.75米的深水区，但是水深不宜过深	小天鹅、绿头鸭、绿翅鸭等

植物景观设计（图5-10）。

设计要点一：鸟类取食习性

①"适地适树"，首选乡土树种。

②选择鸟类生态位重合度高的植物。

③多种植挂果时间长的树种，满足鸟类冬季取食需要。

建议树种：枫杨、香樟、旱柳、苦楝、柿树、石榴、构树、桑树等。

设计要点二：繁殖筑巢习性

①游禽：巢营地主要为芦苇生态岛高大的耐水湿乔木上或者岸边的

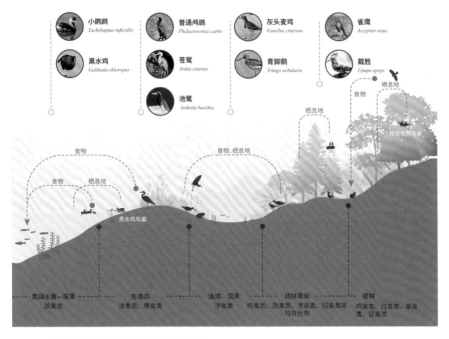

小䴙䴘
Tachybaptus ruficollis

普通鸬鹚
Phalacrocorax carbo

灰头麦鸡
Vanellus cinereus

雀鹰
Accipiter nisus

黑水鸡
Gallinula chloropus

苍鹭
Ardea cinerea

青脚鹬
Tringa nebularia

戴胜
Upupa epops

池鹭
Ardeola bacchus

图5-9　栖息地水域景观营造设计图

灌草丛中；

②涉禽：巢营地为芦苇香蒲等灌草丛或者岸边的灌草丛中。

③鸣禽：巢营地主要为密林中的高大乔木之上，多叉树木为佳。

图5-10　栖息地植物景观营造效果图

设计要点三：隐蔽遮挡习性

① 鸣禽：郁闭度高、四周闭合中间开阔的林地类型，是栖息在密林中的鸣禽等鸟类理想的栖息地类型。

② 涉禽：芦苇生态岛、岸边的芦苇丛或灌木丛多为其庇护所。

（3）陂塘湿地展示区

陂塘湿地展示区（图5-11）融合教育与观赏功能，通过直观展示陂塘净化流程与生态系统间互动，深入浅出地阐述湿地生态净化的奥秘与前沿技术。同时，该区域还注重技术的推广与应用展示，激发公众对环保技术的兴趣与认知，共同守护自然生态平衡。

10	林泽湿地	20	观鸟塔
13	净化陂塘	21	库塘消落带
15	昆虫雕塑	24	生态滁河
16	萤火虫港湾	25	管湾水库大坝
17	水下栈道	26	观鸟台
18	生态鸟岛	27	温室花房
19	观鸟台		

　　图5-11　陂塘湿地展示区

主要改造解说节点：林泽湿地、净化陂塘、生态鸟岛

建设要点：① 陂塘湿地修复流程和技术展示；② 修复湿地植被种植设计要求；③ 全流程水质监测展示。

净化流程：结合现有陂塘湿地条件，进行相应的场地调整。借助场地的自然高差，湿地水流依次经过生态沉淀池、浅水过滤池、深水过滤池。根据水体污染情况，适当增加浅水过滤池和深水过滤池的数量（图5-12）。

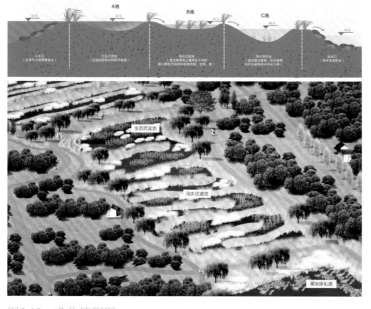

图5-12　净化流程图

湿地植物：湿地净化植物尽量选取江湖地区的乡土湿生植物。

湿地生态系统营建：通过人为种植植物、投放鱼类等水生动物和微生物，来使其发挥各自的功能，形成一个可持续的水生态系统。

水下栈道设计：水下栈道以钢化玻璃作为墙壁，主要展示管湾国家湿地公园的生物群落垂直分布情况（图5-13）。

图5-13　水下栈道设计图

生态鸟岛展示：按照生态可持续的理念，充分参考借鉴自然环境中鸟类栖息的形态及植物构成，营造了一定面积的生态岛。鸟岛设计坡度要平缓，拥有较大的浅滩面积，岛上种植以乡土灌木和挺水植物为主，疏密得当。需要有一定的开敞空间，大型岛可以种植部分乔木，但不宜过多（图5-14）。

　　图5-14　生态鸟岛展示图

　　林泽湿地植被选择建议：选取根系发达的固坡植物，起到保持水土、涵养水源的作用；优先选用净化能力强的植物，常水位至洪水位、洪水位至堤岸之间分别选取耐涝和喜湿的植物；优先选取蜜源植物以及为鸟类供栖息地和隐蔽遮挡空间的植物。

图5-15　林泽湿地植被种植建议图

　　小微湿地营建：在小微湿地营建项目中，紧密结合现有场地特征，创新性地规划了多类型、多层次的小微湿地系统。通过对湿地尺度的精准调控，旨在营造既符合自然规律又便于边缘活动的观察空间，便于进行深入的对比研究。这些精心设计的小型湿地不仅展现了丰富的生态多样性，还直观呈现了小微湿地的多样类型与独特结构特点，为访客提供了生动的生态教育课堂。

引鸟设施景观设计：通过人为有意识地建造一定的停歇设施，或者种植一些水生植物，吸引更多的鸟类来此生存繁殖，提高公园中的鸟类多样性。

（4）生活陂塘体验区

场地维护了原始乡村的淳朴风情，村庄的古朴、陂塘的灵秀与稻田的广袤相互融合，构成了一幅和谐共生的空间画卷。其独特的空间肌理与功能布局，在保护中得以传承，生动展示了乡村生活的原汁原味（图5-16）。这不仅仅是对过往历史的尊重与再现，更是对当家塘深厚文化

40	樱花林	32	果基鱼塘
41	桑基鱼塘	33	林间平台
42	仲夏荷塘	34	稻田陂塘
43	红莲湾	35	田塘野趣
44	菱角湾	36	当家塘
45	观鸟屋	37	田园生活馆
46	观鸟平台	38	高塘稻场
		39	外婆家民宿

图5-16　生活陂塘体验区

底蕴的深入挖掘与璀璨展现，形成管湾国家湿地公园的文化地标。

主要改造解说节点：当家塘

建设要点：依托江淮人家一天中与当家塘所发生的一系列活动，进行趣味化、互动化的改造提升，形成一批关于江淮人家原乡生活的体验活动，感受陂塘建设和利用的生活智慧。

空间肌理：在空间规划上，致力于保持并强化村庄、当家塘与农田三者间现有的空间肌理关系（图5-17）。村庄的古朴布局，当家塘的柔美曲线，与农田的广袤平整相互交织，形成了一幅和谐共生的生态画卷。这种自然的融合不仅保留了乡村的原始韵味，更促进了生态系统的良性循环，让每一寸土地都焕发出勃勃生机。

图5-17　当家塘空间构造

当家塘设施：结合江淮地区对当家塘生活功能的需要，设置生活淘洗区域，满足居民的日常生活需要，同时也是儿童戏水、牲口饮水的空间。结合淘洗区种植大冠幅的乔木，形成空间的一定围合和庇荫功能，提供一个聊天和聚会的空间（图5-18）。

图5-18 当家塘设施图

第六章

解说媒介
体系设计

随着时代的发展，人们的物质与精神文化需求日益增长，湿地科普教育已成为湿地公园建设的一个重要环节。湿地公园所承载的科普知识、人文历史信息等都依托于解说媒介传达给访客，使访客形成对湿地公园的整体印象和记忆，从而参与到保护湿地的行动中。因此，借助不同类型的解说媒介，根据不同的解说资源和解说要点，结合湿地公园的空间布局，向访客多元化地展示具有湿地公园主题的特色资源。基于此，管湾国家湿地公园的解说媒介体系建设大致分为设施解说、人员解说和媒体解说三个方面。不同解说媒介体系在考虑访客游憩路线的基础上，根据访客的行为习惯采用从整体到局部再到细节，循序渐进的方式展示湿地故事。从历史文化到湿地动植物等，引导访客切身感受湿地的作用，将抽象的、学术的湿地知识通过具象的解说手段转化成访客易于理解的信息。

设施解说

管湾国家湿地公园的设施解说是面向访客科普宣教最直接和最重要的载体，也是公园基础建设的一部分。设施解说包括标识标牌系统和场所解说两大类（图6-1）。其中标识标牌分为管理性标识标牌和解说性标识标牌。场所解说包括游客中心、博物馆、观鸟屋、自然教室等。标识标牌系统和场所解说共同形成湿地公园的宣教体系空间布局。

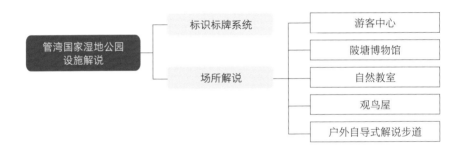

图6-1　管湾国家湿地公园设施解说架构图

（一）标识标牌系统

标识标牌系统是针对公园游憩设计的，它集成了公园信息传输、识别和图像的功能。解说性标识标牌又被称为"户外的展览馆"。因此标识标牌系统在管湾国家湿地公园中扮演着重要的角色，是公园最为基础的解说媒介，分布在湿地公园的各个角落。标识标牌有多种类型，根据访客的游憩需求，管湾国家湿地公园标识标牌系统分为管理性标识标牌和解说性标识标牌（表6-1和图6-2）。

表6-1　筼筜国家湿地公园标识标牌

设施类别一级	设施类别二级	设施类别三级	设施类别四级	布点位置	设施作用	设施内容
	意向性标识	标志性展示	公园识别标志性展示1	道路入口	使用各种造型艺术形式呈现标志性符号或公园主题，突出视觉冲击力和感染力	公园名称、公园logo
			公园识别标志性展示2	访客中心	根据使用各种造型艺术形式呈现标志性符号或公园内部乡镇主题特色	公园名称、公园logo、欢迎语
	公告性标识标牌	公园范围界限标识	公园范围界限标识	公园红线	根据公园的范围、界限所设立的标识，提醒访客所在区域的属性及是否可进入	公园名称、公园logo、编号
		规范制度标识牌	公园规范制度	访客中心	对公园建设管理有重要指导意义的相关法律法规和规章制度的公告，以提醒访客关注和遵守并强化相关管理要求	规范制度的提示文字、提示图标、公园名称、公园logo、编号
管理性标识标牌			公园其他规范制度	与公园职能相关地点	公园建设相关、垃圾回收、停车等规章制度的公告，以提醒访客关注和遵守并强化相关管理要求	规范制度的提示文字内容、提示图标、公园名称、编号
		行为提示及安全警示牌	不可进入范围公告	不可进入出入口	提示访客此区域不可进入及管理要求，对于特别敏感区域可注明违规的可能后果以加强警示性	提示文字内容、公园logo、提示图标、公园名称、编号

（续表）

设施类别 一级	设施类别 二级	设施类别 三级	设施类别 四级	布点 位置	设施作用	设施内容
	公告性 标识标牌		遵纪守纪 提醒公告	访客可达和可停 留区域	提示访客爱护环境，特别敏感区域 可注明违规后果以加强警示性，也 可加入爱护动物或鼓励参与保护行 动的提示	提示文字内容、提示图 标、公园logo、编号
			安全风险 警示公告	可能存在安全风 险的访客可达区 域、车行道、步 行道、骑行道	提示访客可能发生的危险以及需要 注意的事项，以加强警示性	警示文字内容、警示图 标、公园logo、编号
管理性 标识标牌	指示性 标识标牌	外部交通 引导牌	外部交通 引导	未进入公园之前 （乡道、村道）	为如何通过外部交通系统抵达公园 提供道路方向、距离、位置等信息 的标识	公园名称、公园logo、 方向、距离、编号
		名称 引导牌	设施名称引 导牌	一级服务设施 （访客中心等）； 二级服务设施 （观景台等）	公园向公众提供基本公共服务的场 所名称及相关标识	设施名称、设施icon、 公园logo、编号
			景点名称引 导牌	景点（观鸟站、 湿地科普中心 等）	公园向公众提供景观点名称及相关 标识	景点名称、景点icon、 公园logo、编号

设施类别 一级	设施类别 二级	设施类别 三级	设施类别 四级	布点 位置	设施作用	设施内容
管理性 标识标牌	指示性 标识标牌	内部交通 车行系统 引导牌	电瓶车 引导牌	进入公园后的电 瓶车车道	公园内电瓶车行驶方向、路线和与 停留站点附近的景观、资源关系等 信息标识	停靠站名称、前后站点 名称、指引方向、距离 标注、停靠站附近信 息、电瓶车信息、公园 logo、编号
		内部交通 骑行系统 引导牌	内部交通 骑行系统 引导牌	公园骑行车道	骑行的方向指引及与附近的景观、 资源有关系的信息标识	设施及景点名称、方向 指引、距离、附近地图 信息、公园名称、公园 logo、编号
		内部交通 步行系统 引导牌	园路步行 方向引导	公园特殊游步道 （木栈道）	游线所在位置、距离、方向、路线 等信息标识	设施及景点名称、方向 指引、距离、公园名 称、公园logo、编号
解说性 标识标牌	综合型 标识标牌	总体导览 解说	公园总体 导览牌	公园主要客集 散中心、换乘中 心等	完整介绍公园概况、全景游览地 图、主要景点和游线系统、相关服 务信息等综合性标牌	公园名称、公园logo、 公园信息、公园概况、 全景游览地图、主要景 点和游线系统、周边信 息、编号

（续表）

设施类别 一级	设施类别 二级	设施类别 三级	设施类别 四级	布点 位置	设施作用	设施内容
解说性 标识标牌	单体和 主题性 标识标牌	资源 解说牌	生物资源 解说牌	游览路线上相应 资源的位置	对现有的生物资源进行图文解说，使访客对公园生物有基本了解	国家公园名称、国家公园logo、解说主题、园说内容、编号
			文化资源 解说牌	游览路线上相应 资源的位置	对现有的文化资源进行图文解说，使访客对公园文化有基本了解	国家公园名称、国家公园logo、解说主题、园说内容、编号
			管理策略 解说牌	游览路线上相应 资源的位置	对现有的管理策略，进行图文解说，使访客对公园的管理策略有基本了解	国家公园名称、国家公园logo、解说主题、园说内容、编号
		景点 解说牌	景点 解说牌	游览路线上的景 点所在位置	介绍公园景点的相关信息和内容	国家公园名称、国家公园logo、解说主题、园说内容、编号

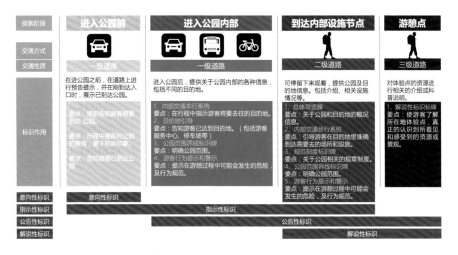

图6-2 游客游憩活动及其标识标牌职能

　　基于对公园的初步调研和对上位规划的解读，以国家相关要求和规范为基础，结合资源、空间等现状，构建管湾国家湿地公园标识标牌体系架构（图6-3）。

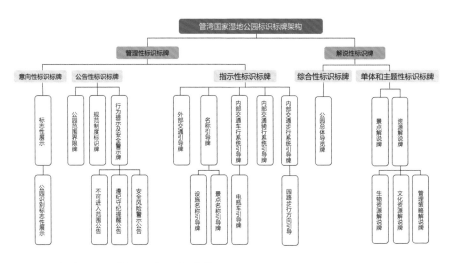

图6-3 管湾国家湿地公园标识标牌体系

（1）标识标牌内容及布点说明

　　根据管湾国家湿地公园已有规划设计，明确公园标识标牌类型及不同类型标识标牌在公园内所起的作用，从而确定标识标牌展示内容，以最简沽、止确的方式引导访客游憩，传递公园信息。

管湾国家湿地公园布点应遵循以下相关布点原则。

1）布局合理

标识标牌在哪里设置，该设多少，要在模拟访客的基本游览活动基础上决定。过少，访客可能会找寻不到目的地，较多，则影响观赏性。同一类型的标识标牌需根据场地的实际情况设置，做适宜性调整，以访客的最佳视觉效果和不影响游憩活动为基本准则。

2）排除干扰

标识标牌需要与景观融合，不能干扰景观环境；标识标牌也不可过于隐蔽，需考虑植物生长规律，不能被植物等遮挡。

3）交通适用

最终标识点位的确定需要根据现场调研情况确定，规避已有的道路设施，避免对行人及车辆的干扰。

4）地形地貌

根据现场地形地貌，避免标识标牌放置于坡地及其他危险地貌上；同时考虑地质松软程度，确保安装牢固。

（二）场所解说系统

（1）游客中心

游客中心是作为访客进入公园的第一站，也是访客获得游憩资讯的重要枢纽。因此，游客中心需要运用多元的媒介手法，帮助访客建立对管湾国家湿地公园的第一印象，激发访客的兴趣，提供全面的资讯服务。

游客中心解说主题和内容除了包括管湾国家湿地公园总体导览图、公园游览点、食宿点、园内交通及获得相关信息的方式等旅游资讯，还应包括公园建设概况介绍及宣传视频，公园当天的森林负氧离子等生态指标参数、入园人数等实时监控信息以及每日活动信息、预约与收费标准。同时，解说内容要与相邻的陂塘博物馆形成错位。

游客中心的解说媒介应以人员解说资讯服务和解说印刷品为主，辅以海报、解说性标识标牌、视频多媒体及纪念品中心等媒介方式，让访客在进入管湾国家湿地公园前就会对公园充满期待。

游客中心的入口可以放置公园导览图或是公园总体导览牌。游客中心内部需要装饰性的墙面，展示管湾国家湿地公园建设历程及公园的精美图片。运用视听多媒体在多媒体播放室或游客中心大厅中循环播放管湾国家湿地公园的宣传视频。用大屏幕展示每日湿地公园的天气状况、负氧离子等生态指标参数、入园人数等实时监控信息。用视频或是图文的方式将公园中的主要游线介绍给访客，访客可以自由选择。

资讯服务台是整个游客中心的重点，应将其放在大厅中比较醒目的位置，为访客提供景点、体验活动、交通、食宿、主题游线等游憩资讯服务。也可以在游客中心放置资讯科技、管湾国家湿地公园的建设概况折页、旅游资讯折页（食宿、游览点、交通等）、公园活动宣传手册等。有条件的话，可以设置查询设备，为访客提供简单易懂的资讯查询方式。

（2）陂塘博物馆

陂塘博物馆是管湾国家湿地公园的重中之重，是整个湿地公园的解说核心。解说内容涵盖了管湾国家湿地公园五大主题（江淮岭脊的缘起、农业生产的坚守、江淮生活的传承、生机万物的共生、生态屏障的固守）。解说重点包括：陂塘湿地的演变历程，人类的活动给这片土地带来的变化；陂塘湿地的生态功能和生活功能；陂塘生态系统的动植物特点；陂塘系统在湿地保护和修复领域的作用和推广等。

根据陂塘博物馆的建筑设计方案，博物馆按照五大主题的顺序设置游览路线，布设主题展区的游线顺序。第一层为序厅：初入科普馆的互动展厅；第一展厅为江淮岭脊的源起，主要讲述千百年来，由于地理环境的限制，江淮人民在与干旱的抗争中产生了陂塘模式。第二展厅为农业生产的坚守，讲述江淮地区特色农业灌溉模式的诞生及其演变，对该地区农业生产有着重要的意义。第三展厅为江淮生活的传承，展示陂塘在保证农业生产的基础上，也深深影响着江淮地区人们的生活。第三展厅上结束后上至第二层来到第四展厅。第四展厅为生机万物的共生，从以陂塘为基础的人工湿地系统导入，讲述湿地为众多的动植物提供了适宜生境和栖息地，形成了独特的生态环境空间。第五展厅为生态屏障的固守，以沙盘和剖面图的形式展示陂塘湿地模式，现代陂塘地模式为生态保护和经济发展提供了一种新的解决方案。

陂塘博物馆建设还应该包括多媒体放映室、临时展区、儿童活动区、多功能会议室及纪念品展售空间。博物馆解说媒介应以多元化的复合展示为主，辅以人员解说、解说出版品等方式，以满足不同访客的需求，同时应注意整个博物馆的动线安排的合理性。

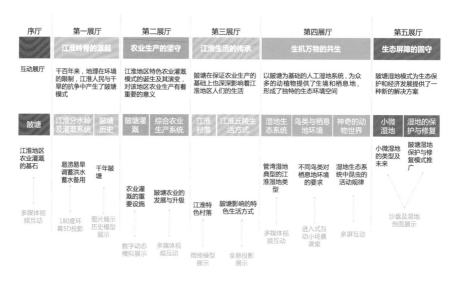

图6-4　陂塘博物馆展陈内容架构

（3）自然教室

自然教室是管湾国家湿地公园中举办自然教育活动的重要场所。借助室内外一体化的场地，让学生学习各种自然知识，认识自然环境，开展自然课程、手工、体验活动等。自然教室的主题特色应与活动课程设计相关，根据活动课程的需求丰富自然教室的解说道具和相关设施。

根据不同的自然课程类型，自然教室建议分为两类：一是传统教室型，侧重学习湿地知识。通过绘图，水彩，黏土塑形来描绘湿地环境；

面积在100～150平方米，空间可以容纳50～60人开展集体讲座。二是实践体验型，侧重于实践，提升感知能力。通过观察和解说员讲解，进行湿地净化流程装置组装等实践体验活动；面积在80～100平方米，空间可以容纳30～50人开展体验活动。

（4）观鸟屋

根据管湾国家湿地公园中的鸟类监测和调研，确定鸟类活动的规律和鸟类在湿地公园中的活动范围及观察地点，建设观鸟屋或观鸟塔。观鸟屋一般为仿木结构建筑，内设望远镜等观察设备，供访客观察多种鸟类的栖息活动形态。观鸟屋的建设要做到不干扰鸟类活动。

观鸟屋的主要解说媒介是解说性标识标牌、电子浏览（二维码）和人员解说（生态导览员）。其解说内容包括：鸟类为什么选择在这里生活？它们喜欢的栖息地有什么特色？该解说点一年四季都可以观察到的鸟类有哪些以及它们的特色，等等。

（5）户外自导式解说步道

在管湾国家湿地公园有若干条特殊的步道，包括杨树树林中的赤足步道、湿地展示组团中的萤火虫港湾步道等。这些步道通过解说的形式，预留开展集中户外科普宣教空间。结合主题步道、互动装置、解说性标识标牌等装置，串联、整合动植物资源和公园各区域板块，满足访客及中小学研学团体游憩和科普宣教需求。例如，杨树林中的赤足步道位于陂塘生境组团，在赤足步道通过雨水收集器、原木步道、植物探测器等互动装置和小型解说牌使访客体验大自然与身体触感。同时，通过讲述杨树林中动植物的特征和它们的栖息环境，以此达到寓教于乐的游憩体验。

二

人员**解说**

（一）常规性人员解说

（1）带队解说

解说人员带领访客沿固定的旅游路线依序参观相关目的地并开展系统化的人员宣教服务。主要解说内容为固定旅游路线上的陂塘湿地资源。

（2）定点解说

在管湾国家湿地公园内重要的景点、湿地保护或修复的示范点、湿地宣教设施所在点或活动现场（如陂塘博物馆、访客中心等）开展解说服务。重点解说所在地的特殊资源以及湿地公园的管理工作及成效等。

（二）辅助性人员解说

（1）咨询服务

根据管湾国家湿地公园的现有建设，咨询服务功能位于公园的入口、游客中心、陂塘博物馆处。咨询服务据点可分为三个层级：第一层级是游客中心，主要向访客提供整个公园的旅游咨询服务；第二层级包括陂塘博物馆、田园生活馆等，主要向访客提供区域性的旅游咨询服务；第三层级是入口处，提供简单的旅游咨询服务。

（2）专题讲座

针对与湿地相关的环境议题，定期或在重要节日开展面向公园访客或周边社区公众的专题讲座。配合主题活动、季节性活动及湿地宣教的主题，邀请专家学者或者专业解说人员进行相关专题讲座课程安排与规划。根据课程内容的深浅程度，不定期安排对学生、青少年、亲子家庭等不同年龄段访客开展专题讲座。主要活动地点地在访客中心、陂塘博物馆、自然教室和附近的学校。

（3）主题活动

结合公园的宣教主题或特定节日，融合湿地保护、管理、文化等多元内容，通过表演、互动体验等形式开展主题宣教活动及为激发参与者理解湿地价值、认同湿地保护重要性，增强参与保护意愿的专题化、系列化课程。主要解说内容包括：湿地课程、湿地主题节日宣传活动、生活小剧场、湿地文化节与湿地艺术节等。

三
媒体解说

（一）印刷制品

印刷品是湿地公园目前最为广泛使用的媒体宣教形式。根据不同目的，湿地公园的宣教印刷品可以分为普通印刷品和正式出版物。其中普通印刷品包括管湾国家湿地公园导览图、宣传折页、宣传海报与宣传画册等。正式出版物包括生物图鉴、专题丛书、主题画册等。

（1）导览图

公园导览图一般需要与公园视觉识别系统（VI）的设计风格一致，凸显公园特色和视觉形象。内容上分为正反两面，正面为文字信息，反面是公园地图。文字信息包括公园宣教主题、特色资源介绍、具有时效性的活动介绍（如近一年的主要活动安排）等。

（2）宣传折页

宣传折页比较轻薄，但包含的信息量庞大。宣传折页既可以根据管湾国家湿地公园整个公园的资源特色，进行整体导览解说折页的编撰；也可以根据五大解说主题设计专题型的解说折页，还可以结合主题旅游路线（人文陂塘体验线、生态陂塘科普线）的季节性活动设计有针对性的解说折页，满足不同解说需求。在游客中心、陂塘博物馆、自然教室等公园重要节点为游客提供相关解说折页，也可以在公园网站中提供电子折页的下载服务。

（3）正式出版物

湿地的正式出版物是以正式编印出版的方式将湿地公园的资源、故事、保护和恢复成效、经营和管理理念、经验、科研监测的成果等内容，进行更深化和广泛的传播，通常包括生物图鉴、专题丛书、主题画册、科研成果与交流期刊。这是湿地公园非常重要的解说媒介之一，不仅有快速传播信息的功能，还有一定的收藏价值。根据前期关于管湾国家湿地公园的资源梳理以及五大解说主题的细分，可以演变出多种主题类型的出版物，发展成为专题型的解说手册或书籍。

此外，还可收集有公园特色的图片（高清照片、手绘等）制作摄影集、绘本、生态写真等，更好地将管湾国家湿地公园的自然和人文风貌向访客展现。

（二）影音媒体

影音媒体分为视频媒体和音频媒体。通过多媒体的方式录制主题化的介绍视频、音频，创作乐曲等，从而生动且感性地解说管湾国家湿地公园的特色和价值。

根据管湾国家湿地公园所有节点承担的职能，在游客中心、陂塘博物馆、田园生活馆等地方播放影片。不同节点播放的影片内容也不同，承担的功能也是不尽相同的。

（三）传统媒体

广播和电视作为传统媒体依然有广泛的宣传对象和较高的影响力。通过当地传统媒体平台可以加强湿地公园与周边学校、当地居民的接触。同时，广播和电视媒体对于公园宣教工作也非常重要。将公园宣传片、活动记录等活动通过广播和电视媒体，向外宣传也能达到一定宣传效果（图6-5）。

（四）新媒体

随着互联网的快速发展和各种客户端（手机、电脑、平板电脑）的

图6-5　管湾国家湿地公园宣传片截图

出现，大众逐渐意识到互联网宣传的便捷性。为了方便访客游览，景区利用手机软件（App）、网站、小程序等开辟了较为现代化的解说媒介。

　　将各种媒体宣教和公园服务功能整合到一个独立的应用程序中，向访客提供公园基本信息、近期活动咨询等服务，还可以作为访客自行游览公园的自导式服务媒体，结合公园解说标识标牌的编号或二维码，方便访客自行获得所需要的解说服务和活动预约。

　　App：访客可以在游览途中，随时利用移动装置查看App中的解说资讯。功能主要包括：GPS定位系统（快速帮助访客查看自己所在的位置及附近景点的路线查询）；资源特色解说（管湾国家湿地公园自然资源、人文资源的图片、文字、影片）、主题游线的介绍等线上解说服务（音频）。App还可以开放访客分享功能，让访客随时分享自己的游玩心得，让更多的人观看。App还可将公园最新活动实时更新，让访客快速且方便地了解最新活动状况。

　　网站：网站是公园在互联网上展现自己的一个重要手段。访客可以在出发前浏览管湾国家湿地公园的网站，获取需要的旅游和解说资讯。主要的内容包括公园的简介、交通（如何去公园）、周边餐饮与住宿情况、资源特色（视频、图片及文字）；主题游线的介绍及预约；预告片、常设主题馆介绍、临时主题馆介绍、儿童活动区介绍及预约、主题演讲等；季节性活动的介绍及预约（图片、文字）。同时，网站可提供电子解说内容的下载，访客可以自行下载所需要的资料，也可以在网站分享自己在旅游中的见闻、感想及为其他访客推荐游览路线。

社交软件：当今社会，微信等社交媒体软件成为人们主要的社交工具。管湾国家湿地公园的微信公众号也承担了重要的职责和使命。从公园四季美景分享到课程活动预约，微信公众号搭建了公园与访客的互动平台。通过微信公众号，访客可以在线预约活动，也可以随时了解公园相关动态，获取公园相关信息。

第七章

标识标牌
设计

随着国民综合素质和消费水平的提高，人们从最开始的商品消费逐渐过渡到对于品牌的消费。因此，建立一个系统的、特色的、具有地域代表性的品牌视觉体系对于公园变得尤为重要。一个好的公园视觉体系可以传达公园所蕴含的人文历史、自然景观等独属于公园的故事。从解说的角度，前期对于管湾国家湿地公园进行大量调研，进行资源评估，最终确定管湾国家湿地公园最具代表性的解说资源。以标识标牌设计为媒介，通过视觉设计体系打造管湾国家湿地公园品牌文化价值，传播公园特色，使其散发持久的生命力。

标识标牌视觉符号

（一）公园标志

结合管湾国家湿地公园的建设定位以及场地的代表性资源，通过凝结和提炼，形成管湾国家湿地公园标志符号（图7-1）。

标志取形于管湾首字母，形态则提取了管湾水库以及生态陂塘剖面，位于标志中相互穿插的三色线分别代表着连接古今，延续生态的追求；连接远近，突破城乡的隔阂；连接大小，承载现代生态城市建设的使命。

标志取形于管湾首字母
形态提取了管湾水库＋剖面的
生态陂塘
三色线分别代表：

连接古今
延续生态的追求

连接远近
突破城乡的隔阂

连接大小
承载了现代生态城市建设的使命

管湾水库　生态陂塘
小小生态见证了我们祖先的生态大智慧

图7-1　管湾国家湿地公园标志

（二）色彩规范

管湾国家湿地公园解说视觉系统采用统一的配色方案，以求主要内容醒目、吸引人，而整体风格自然、和谐。根据公园的五大解说主题和特色资源，使用蓝、绿、橙、灰四组色系代表公园先进的一面、生态的一面、活力的一面和严谨的一面（图7-2）。这四组色系对应管湾国家湿地公园不同场景以及不同材料承载的需求，从而制定国家湿地公园标志的不同色彩应用形式。

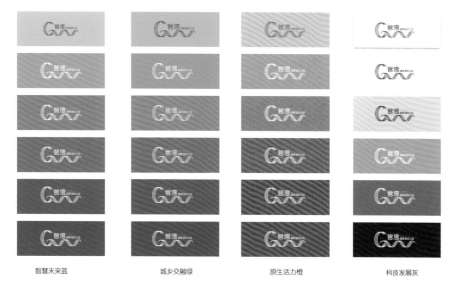

智慧未来蓝   城乡交融绿   原生活力橙   科技发展灰

图7-2　管湾国家湿地公园色彩规范

（三）辅助图形

辅助图形的应用场景分为两类，一类用于资源的解说，另一类用于公园管理。因此，在系统地分析管湾国家湿地公园解说资源和五大解说主题后，形成关于场地的解说辅助图形和管理使用的管理性辅助图形（图7-3）。

（1）解说辅助图形

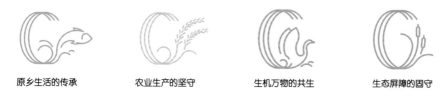

原乡生活的传承   农业生产的坚守   生机万物的共生   生态屏障的固守

图7-3　管湾国家湿地公园解说辅助图形

原乡生活的传承：陂塘水体的综合利用自古就有，人们也在尝试空间和资源的综合利用和效益的最大化。结合湿地公园的环境，依据基塘农业的相应标准和要求，引入代表性基塘农业模型，展示基塘农业能量转换的内在过程和实际意义。设计中提取基塘农业中最有代表的符号——鱼，作为图形主体，结合公园标志形成统一风格。

农业生产的坚守：陂塘诞生最原始的需求就是农业灌溉。早期的陂塘形式是怎样的？现在的陂塘的形式和功能又有什么样的变化？我们由此设计提炼出最能代表陂塘诞生的开始——稻田，展示农业生产的坚守主题。

生机万物的共生：管湾国家湿地公园生物多样性丰富。这里是鸟类非常重要的迁徙驿站。各种鸟类在公园内的芦苇荡湿地、陂塘湿地、库塘湿地、洪泛平原湿地栖息。在设计中提取其中最为重要的元素——鸟，作为这一主题的解说重点。

生态屏障的固守：管湾国家湿地公园为保护湿地、维持生物多样性，开展了多样的生态修复治理，为合肥饮用水源的储备、肥东农业的灌溉起到了保障作用。设计中以管湾国家湿地公园中最有代表性的湿地植物——香蒲为要素，展现湿地在生态保护中的重要性。

（2）管理性辅助图形

服务符号：用于标示公园内的资源、设施和各种相关服务（图7-4）。参照国家现行标准GB/T 10001.1—2023《公共信息图形符号　第1部分：

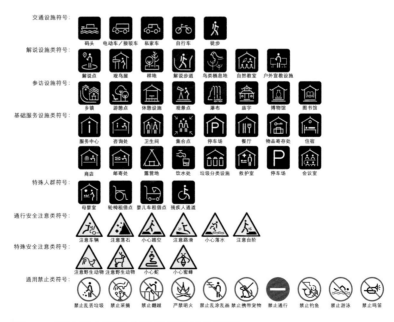

图7-4　管湾国家湿地公园管理性辅助图形

通用符号》的设计原则设计。主要包括交通设施符号、解说设施符号、参访设施符号、基础服务设施符号、公园功能符号、通行安全注意类符号、特殊安全注意类符号、通用禁止类符号、特殊人群类符号等。

二
管理标识标牌设计

（一）意向性标识标牌

意向性标识标牌:主要位于管湾国家湿地公园入口处，呈现公园标志及公园主要特色，如重点保护动植物、地形地貌等，展示公园的品牌形象，营造进入公园的氛围。

（二）公告性标识标牌

公园范围界限牌：沿管湾国家湿地公园红线范围分布，主要用于明确公园边界。一般公园范围界限牌的主要内容包括公园logo、公园名称、公园管理单位。

规范制度标识牌：提醒访客在游憩过程中所要遵守的游憩规则和主要事项，并强化相关管理要求。

行为提示及安全警示牌：提示访客在管湾国家湿地公园可能发生的危险以及需要注意的事项，以加强警示性。公园有大量的水体，因此注意落水、小心跌落等安全注意事项变得尤其重要。除此之外，还有一些禁止的行为规范，如禁止采摘、禁止通行等。

（三）指示性标识标牌

外部交通引导牌：未到达公园前，在高速、国道、县道、乡道上对目的地进行相关引导。设计应根据国家现有标准GB/T 15566.9—2012《公共信息导向系统设置原则与要求　第9部分：旅游景区》道路标牌规范。

名称引导：名称引导分为设施名称引导和景点名称引导。设施名称引导包括停车场、游客中心、卫生间、自然教室、陂塘博物馆、观鸟屋等，景点名称引导包括观景陂塘、生态陂塘、稻田陂塘、小微湿地等。目的在于帮助访客在管湾国家湿地公园游憩的过程中能够准确得知设施所在位置。标识标牌内容上主要是服务设施及景点的名称及其到达位置。景点名称引导可以和景点解说性标识标牌结合起来，尽量减少标识标牌内容的重复性。

内部交通车行系统引导牌：电瓶车是管湾国家湿地公园内的主要交通工具。因此，电瓶车停靠站牌是园区内主要的车行系统引导牌，便于访客得知所在位置、行车路线及电瓶车停靠等信息。

内部交通骑行系统引导牌：管湾国家湿地公园规划中设置了骑行道路。根据骑行速度和骑行人群停留时的高度，设计相关标识标牌。骑行系统引导牌的主要内容包括所在位置、骑行段落路线及与前后景点距离等。布点时需要结合内部交通步行系统引导牌综合考虑，尽量做到不相互冲突。

内部交通步行系统引导牌：公园内部步行道路主要分布在各个景点区域内。因此，步行系统引导牌主要用于园路步行方向引导，分布于园区内的步行道路路侧。设计应考虑步行视线观看角度，突出景点名称、所处位置及与其他位置的距离等主要交通信息（图7-5）。

图7-5　管理性标识标牌展示图

三

解说标识标牌设计

（一）公园总体导览牌

主要应用于公园各个起点处，介绍公园概况，提供相关游览地图、服务与安全等信息的综合型标识标牌。

（二）单体和主题性标识标牌

结合前期的解说主题和解说内容，对应公园资源的相应位置对现有生物、文化或景观资源进行图文解说，使访客对公园不同类型资源有基本了解。此类型标识标牌是公园中重要的解说媒介之一。可以不受空间、时间等限制，代替解说人员对公园资源进行基本解说。

单体资源解说牌是公园解说资源清单中针对某一单体生物资源、非生物资源等进行解说的标识标牌，包括但不限于湿地的定义、结构、功能，公园地质、气候与动植物资源等基础知识。其中单体资源解说牌可分为立式解说牌、树名牌和解说桩三种形式。

主题性标识标牌根据前期规划的"江淮岭脊的缘起、农业生产的坚守、江淮生活的传承、生机万物的共生、生态屏障的固守"五大主题内容进行分类，并在大主题的划分下将具有特征共性的解说资源进行综合说明。例如，同一类或具有共同生物学特征的动植物等资源（图7-6）。

异形互动解说牌　翻页互动解说牌　　常规解说牌　旋转互动解说牌　触摸互动解说牌

图7-6　解说性标识标牌展示图

第八章

自然教育
课程设计

    自然教育是学校教育的有机组成部分，是基于自然环境开展的学习活动，内容上偏重学科或自然野趣。管湾国家湿地公园自然教育课程设计考虑到了学生的年龄、性别、兴趣与学科知识水平等情况，以确保公园在面对不同学习对象及在不同的时间、空间下能够顺利开展课程活动。课程设计为学生提供了走出校门、接触自然的机会，鼓励学生参与保护湿地的行动和实践，开展探究式学习、体验式学习，学会如何与自然和谐相处。目前课程设计共包含三大主题、14门课程，面向访客尤其是中小学生全面展示管湾国家湿地公园的湿地资源和乡土文化。

课程设计方法

（一）课程设计步骤

课程设计应考虑为何教（WHY）、教给谁（WHO）、教什么（WHAT）、在哪教（WKERE）、何时教（WHEN）、如何教（HOW）与教之后（SO WHAT）几个因素，以及如何将搜集到的信息和课程架构转换为教案内容（图8-1）。

组织核心（WHY）：宗旨、使命、目标、限制条件等；

盘点资源（WHAT）：动物、植物、人文、地理、环境、历史、产业等资源要素；

对象设定（WHO）：幼儿园学生、小学生、初高中生、大学生、亲子及一般访客等不同的服务对象；

主题设定（WHERE）：湿地生态、陂塘生态、历史文化等不同的课程主题选择；

教学策略（HOW）：自然体验、科学探究、故事教学、科普绘画、游戏式教学等不同的教学形式及策略；

评估方式（SO WHAT）：形成性评价、总结性评价等不同阶段和程度的评估方式。

（二）对标在校内容

设计课程参考了《义务教育小学科学课程标准（2023）》《义务教育生物学课程标准（2022）》《义务教育地理课程标准（2022）》《普通高中生物课程标准（2017）》等标准，从中筛选出物种和生物多样性、人文地理等与环境教育相关的内容，作为本课程的设计依据。

（三）课程学习进阶

学生在各个学习阶段学习同一主题的概念时所遵循的连贯的、典型

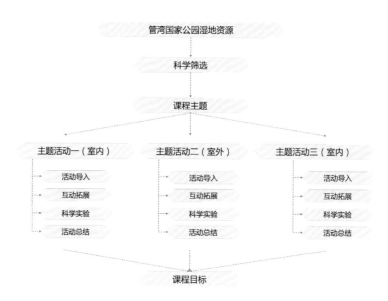

图8-1　管湾国家湿地公园课程活动方案架构

的学习路径一般呈现为围绕核心概念展开的一系列由简单到复杂并相互关联的概念序列。

（1）3～6岁是习惯培养的关键时期；培养重点是培养探究科学的兴趣及思维习惯；主体范围包括自然、科学、人文、艺术。

（2）7～12岁是探索吸收知识、学习思维培养的关键时期；培养重点是探索吸收知识、学习思维培养；主体范围包括生命科学、天文、地理、物质科学、技术工程。

（3）13～15岁是知识综合运用、创新创造意识的关键时期； 培养重点是知识综合运用、创新创造意识；主体范围包括编程结构、3D打印电子电路、工程技术。

二

课程框架设计

课程设计均采用STEAM教学理念，符合中小学生心理发展规律，由具有多学科（教育学、生物学、生态学等）硕博学位人才的专业团队制定和筛选内容，课程内容生动灵活、可根据实际变化调整。

体系灵活：搭配简便：课程体系以单节课程进行产出，从而形成模块化课程体系。可根据不同课程和场地需求，通过室内外结合，搭配不同主题满足供访客需求。课程具有灵活多变、选择性高、受场地限制小等特点。

三
课程主题设计

通过调研和分析场地资源，编写人员从生态学、生物学、历史、文化等方面提炼内容，再从教育层面确定解说知识点，结合管湾国家湿地公园解说主题与解说内容确定了课程三大主题（图8-2）。

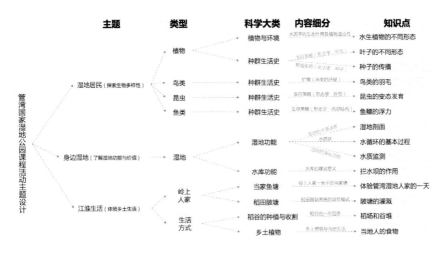

图8-2 管湾国家湿地公园课程活动主题设计

主题一：湿地居民。该主题以湿地中的植物、鸟类、昆虫等与湿地的关系为出发点，探究在湿地中生活的动植物有怎样的特征与生态习性。该主题分为湿地精灵和湿地原住民两大部分。湿地精灵部分包括"鹭鸟世家的秘密""迁徙的鸟""鸟与湿地""昆虫的前半生""桑叶鱼儿一线牵"五个模块。湿地原住民部分包括"拜访水生植物家族""叶的印记""种子的旅行"三个模块。

主题二：身边湿地。该主题让活动参与人员变成一个个小小科学家，以科学探索的方式理解湿地的价值。该主题包括："一滴水的旅行""陂塘的前世今生""门前水库""水质监测师""湿地规划师"五个模块。相较于主题一，该主题更加注重探究性和思辨性，探讨的问题较前一个主题更有深度。

主题三：江淮生活。该主题主要展示管湾国家湿地公园的特色农耕文化，体验性最强。该主题具体内容为"管湾农家生活"。活动参与人员与领队人员一起使用农具开展农事活动、体验渔民生活等。该主题活动极具场地特色，通过体验各式农具和渔具，增加参与人员对传统农业生活方式更深层次的思考，借此传递江淮地区的历史文化与陂塘精神。

四
课程形式设计

（一）课程模块构成

课程设计通过"主题—次主题—课程活动"的等级结构形成模块化设计。课程设计中明确授课对象、课程时长、适宜节点与适宜季节等基础操作要素。具体实施内容包括课程目标、知识构成与课程大纲等。课程活动解说人员可以根据学习者的类型与需求，选择合适的课程模块自由组合，形成定制化教学方案，实现让不同学习对象在不同时间、空间下都能够顺利参与课程活动（表8-1和图8-3）。

课程设计从课程类型角度可分为6节动手实践课、3节实验探究课、2节自然观察课、3节合作讨论课；从据点分布上来看，有6节课程的活动地点位于自然教室，8节课程的活动地点位于其他节点。因部分课程受时间限制，因此，根据时间的划分方式，其中季节性（仅某一个或几个季节可实现）课程共9节，非季节性（全年可实现）课程共5节。

表8-1　课程模块构成表

主题	次主题	活动名称	适宜季节	适宜据点	主要目标人群	拓展目标人群					
						1	2	3	4	5	6
湿地居民	湿地精灵	鹭鸟世家的秘密	冬	观鸟屋	小学3至6年级				★	★	★
		迁徙的鸟	春	生态鸟岛	小学5至6年级		★		★		
		鸟与湿地	四季	观鸟台	小学3至6年级				★	★	★
		昆虫的前半生	夏	萤火虫港湾	小学3至4年级	★		★	★		
		桑叶鱼儿一线牵	春	桑基鱼塘	小学5至6年级				★	★	
	湿地原住民	拜访水生植物家族	夏	下沉栈道	小学3至6年级				★		
		叶的印记	春夏秋	自然教室	小学3至4年级	★	★				
		种子的旅行	秋	自然教室	小学5至6年级				★		
身边湿地	公民科学家	一滴水的旅行	四季	自然教室	小学3至6年级				★	★	
		陂塘的前世今生	四季	陂塘博物馆	初中7至9年级			★			
		水质检测师	四季	自然教室	初中7至9年级					★	
		门前的水库	四季	水库大坝	初中7至9年级				★		
		湿地规划师	四季	自然教室	初中7至9年级					★	
江淮生活	江淮生活	管湾农家的生活	秋	外婆家民宿、高塘稻场、田塘野趣	小学3至6年级				★		★

图8-3　课程模块构成表

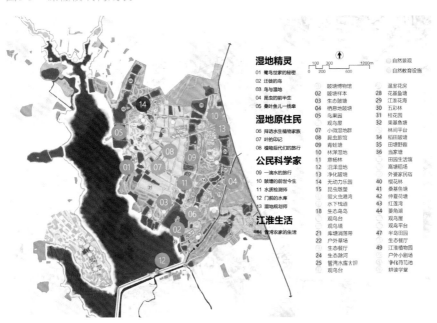

图8-3　管湾国家湿地公园课程空间分布

（二）课程空间分布

根据管湾国家湿地公园资源分布和解说设施，编写人员将课程按照不同主题和内容分布到各个区域当中，通过湿地特色体验活动完成资源空间与课程的匹配，引导参与活动的人员体验公园不同区域的资源特色。

五
教案设计

教案设计是课程设计中的重要支撑。通过教案设计呈现课程设计实施的具体做法和思路。目前课程中共包含三大主题、14门课程，向访客尤其是中小学学生全面展示管湾国家湿地公园的湿地资源和乡土文化。通过不同的物料设计确定课前、课中与课后相应的教授策略和方法。

课程方案包括课程教学设计、课程教学课件、课程教师用书、课程物料箱设计、课程学生用书等（图8-4和图8-5）。

课程教学设计：以目前中小学教学标准为设计母版产出内容，方便

图8-4　课程教学设计——以《水生家族的故事》为例

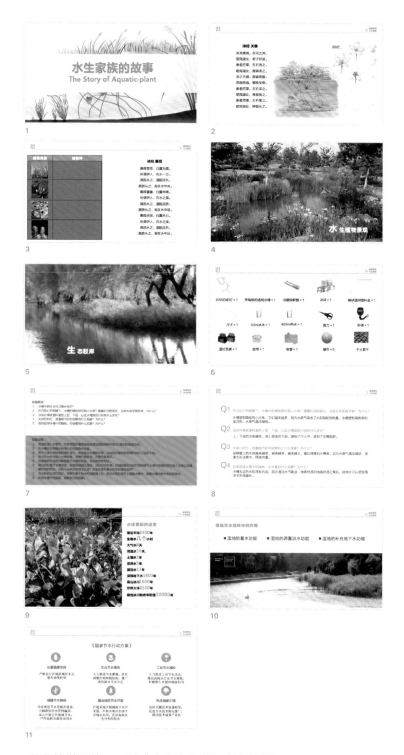

图8-5　课程教学课件——以《水生家族的故事》为例

目的地教师备课。

课程教学课件：为便于目的地授课人员使用，课程教材提供相应的多媒体（PPT形式文件）配套教学课件（图8-6）。

课程教师用书：目的地授课人员包括课程设计理念、课程设计目标、课程设计思路、教学目标、教学背景、教学场地、活动注意事项、教案正文与拓展知识等详细信息，确保老师能迅速上升。

图8-6　课程教师用书——以《水生家族的故事》为例

课程物料箱设计：包括课程物料采买清单、教学用具采买配比与课程准备基础等（图8-7）。

图8-7　课程物料箱设计

课程学生用书：包括课程导入、课程相关背景知识、课程活动补充与课程解答等（图8-8）。

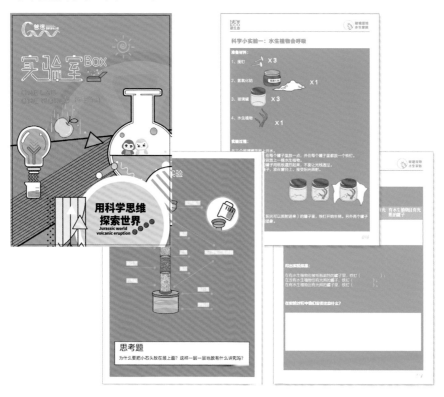

图8-8　课程学生用书

附录

附录一：标识
标牌图纸设计

标识标牌数量清单

公园总体导览牌

尺寸:
1. 牌子: 2400mm × 3700mm
2. 主体: 2700mm × 3700mm

游客服务中心
总体导览牌

二、内部交通车行系统引导牌——电瓶车引导牌

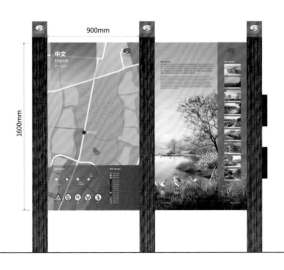

900mm

1600mm

尺寸:
1. 牌子: 900mm×1600mm
2. 主体: 2300mm×2200mm

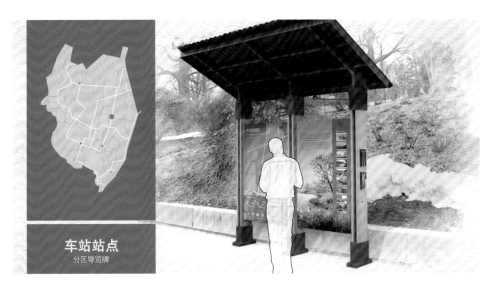

车站站点
分区导览牌

内部交通骑行系统引导牌

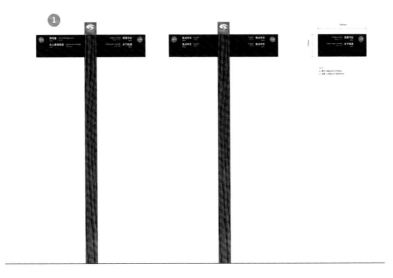

四
景点名称引导牌

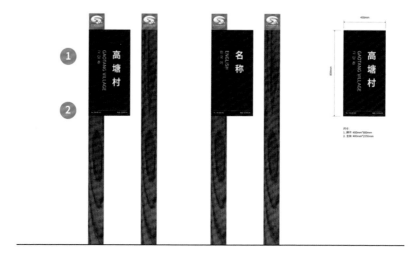

村庄入口
名称牌

126

五

设施名称引导牌

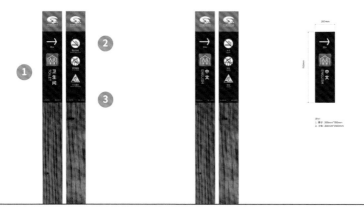

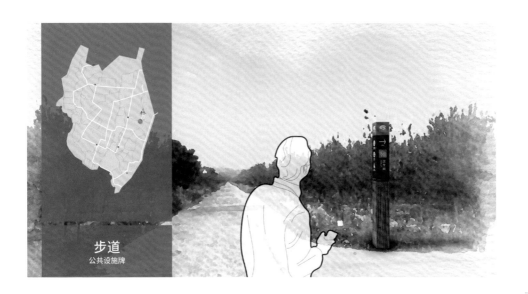

步道
公共设施牌

六
园路步行方向引导牌

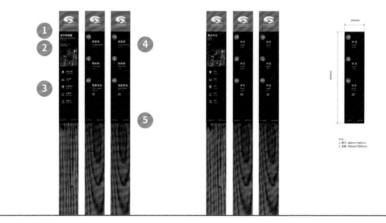

园路步道
方向指引牌

128

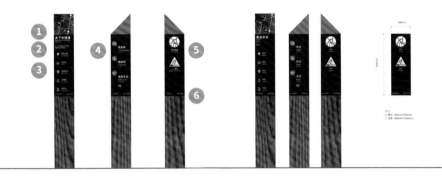

园路步道
方向指引牌

七

行为提示及安全警示牌

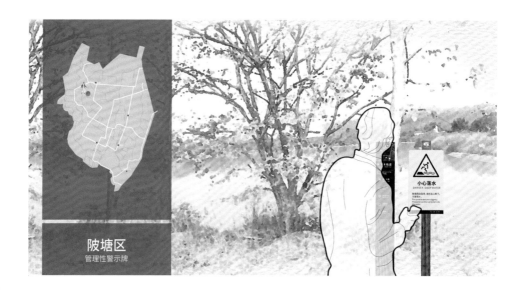

陂塘区
管理性警示牌

八
景点解说牌

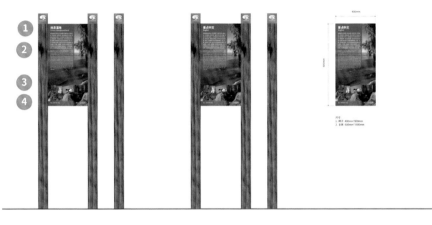

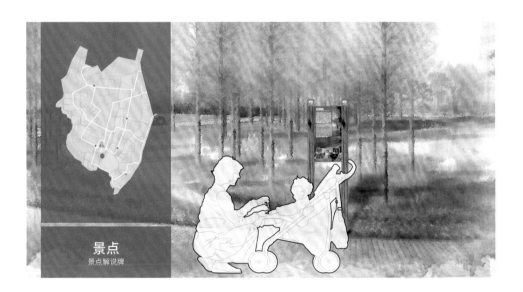

景点
景点解说牌

九
主题性资源解说牌

资源解说牌形体与结构

版面尺寸：878mm×478mm

外框尺寸：900mm×500mm

版面（底端）离地高度：700mm

C:0
M:0
Y:0
K:90

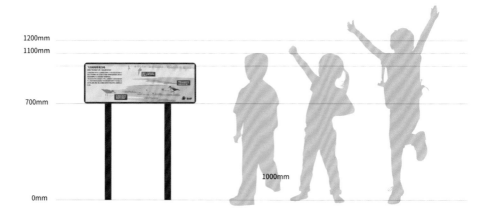

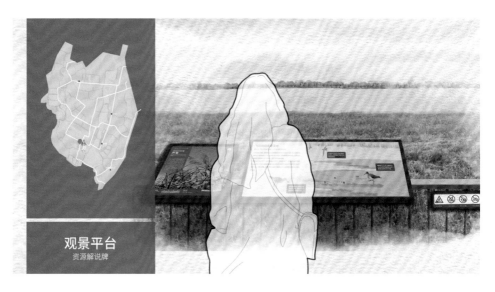

观景平台
资源解说牌

十

单体资源解说牌

单体解说牌形体与结构

版面尺寸：478mm×478mm

外框尺寸：500mm×500mm

版面（底端）离地高度：700mm

C:0
M:0
Y:0
K:90

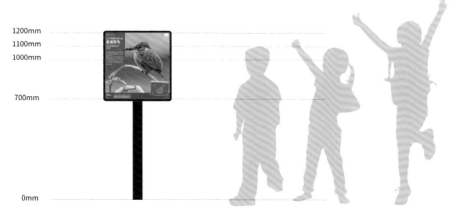

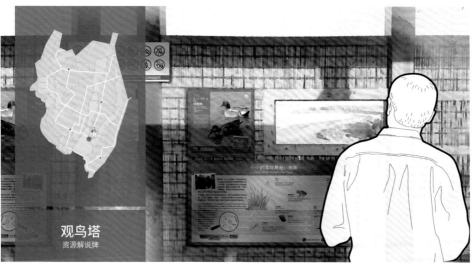

观鸟塔

资源解说牌

十一

趣味性小品

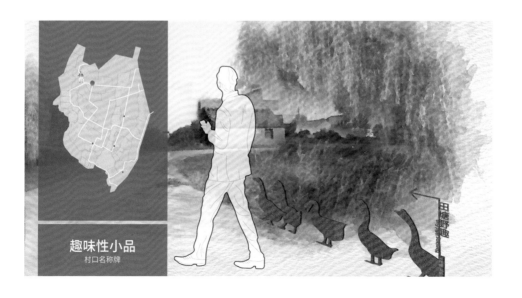

趣味性小品

村口名称牌

380mm

400mm

尺寸：380mm × 400mm

字镂空
固定方式：钉在树上

①

C 85
M 35
Y 65
K 0

①

一、标示牌
1.字体信息
中文：
思源黑体-Bold
（字号85pt；行距100pt；字距微调-视觉；字距25）
2.段落组合
中文居中对齐

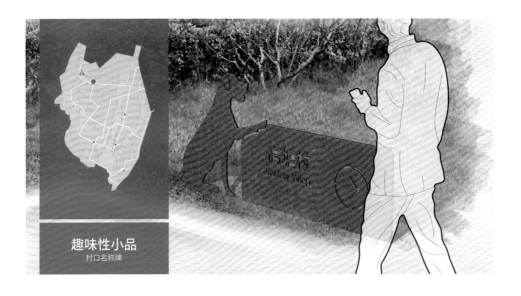

趣味性小品
村口名称牌

趣味性小品
警示牌

趣味性小品
警示牌

附录二：解说标识标牌设计

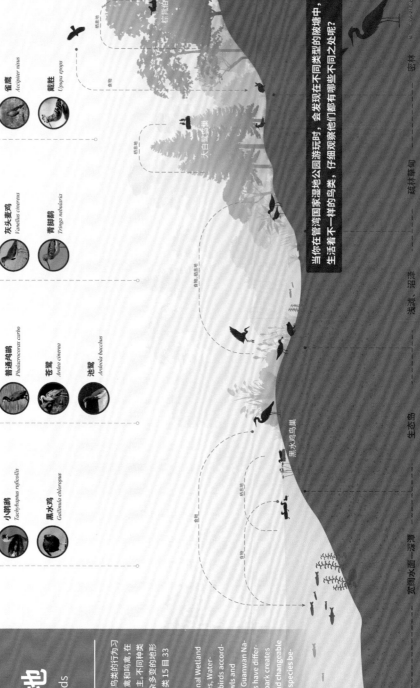

雀鹰
Accipiter nisus

戴胜
Upupa epops

灰头麦鸡
Vanellus cinereus

青脚鹬
Tringa nebularia

普通鸬鹚
Phalacrocorax carbo

苍鹭
Ardea cinerea

池鹭
Ardeola bacchus

小䴙䴘
Tachybaptus ruficollis

黑水鸡
Gallinula chloropus

大白鹭繁殖地

信鸽的防鸟巢

黑水鸡鸟巢

栖息地

食物

食物、栖息地

食物、栖息地

食物

栖息地

栖息地

栖息地

当你在管湾国家湿地公园游玩时，会发现在不同类型的陂塘中，生活着不一样的鸟类，仔细观察他们都有哪些不同之处呢？

攀禽类、猛禽类

鸣禽类、涉禽类、陆禽类等均有分布

游禽类、涉禽类

涉禽类

游禽类、攀禽类

疏林草甸

密林

浅滩、沼泽

生态岛

宽阔水面——深潭

生态陂塘，鸟类家园
鸟类与栖息地

Ecological Pond, Home of Birds
Birds and Habitats

在管湾国家湿地公园中有非常多的鸟类，根据鸟类的行为习性，可以将鸟类分为陆禽、游禽、涉禽、攀禽、猛禽和鸣禽，在管湾国家湿地公园常见的鸟类以游禽、涉禽为主。不同种类的鸟类对于水深的要求不同，因此，公园通过复杂多变的地形、水域设计来打造丰富多样的生境类型，招引鸟类15目33科110种。

There are a variety of birds in Guanwan National Wetland Park. Birds can be categorized into Terrestores, Waterfowls, Waders, Scansores, Raptors, and Songbirds according to their behaviors, among which Waterfowls and Waders are the most commonly seen birds in Guanwan National Wetland Park. Different species of birds have different requirements for water depth. Thus, the park creates diverse habitat types through the complex and changeable topography water design, attracting 110 bird species belonging to 33 families and 15 orders.

管湾国家湿地公园
Guanwan National Wetland Park

了不起的陂塘
陂塘水净化系统
The Awesome Pond on Slopes
Pond Water Purification System

我们的陂塘就像是一个天然的"水质净化器"，它通过植物、土壤、微生物可以把城市中的生活废水和地表水净化干净。土层过滤后再将水源保存下来。农田中的沟渠在蓄溉的同时也可以过滤、吸附、沉淀、高效分解与净化污染物。

Our pond is like a natural "water purifier": it purifies domestic wastewater and surface water in the city through plants, soil and microorganism, filters them step by step, and then preserves the water resource. Ditches in farmland also filter, absorb, precipitate, efficiently decompose and purify pollutants while irrigation.

水生态系统结构

无机环境：阳光、水、营养盐、底质
消费者：底栖动物、游泳动物、浮游动物
生产者：高等水生植物、浮游植物
分解者：细菌、真菌

城市生活废水流入湿地

陂塘通过哪些方式可以进行水质的净化呢？

植物种植
通过种植丰富的水生植物，为湿地生物营造栖息地，提供食物来源和净化水质。

底栖放养
通过鱼类和底栖动物的适量放养，营造水生态系统的食物链。

底质优化
通过在底部泥土布置不规则的石块，为鱼虾等水生动物提供栖息环境。

草鱼
Ctenopharyngodon idella

海草
Potamogeton crispus

浮游生物

细菌、真菌

城市防护林

农田

生活污水

栾树
Koelreuteria paniculata

丝绸、桑果蜜、鲜鱼
桑基鱼塘除了养蚕、养鱼还
有可以生产出特色的农副产品，
比如桑果蜜、丝绸等等。

蚕沙
Silkworm feces
蚕沙就是蚕宝宝的粪便。

蚕沙喂鱼
Silkworm feces for fish

池塘养鱼
Pond fishing

塘泥肥桑
Pond sludge for
growing mulberry

塘泥
Sludge

桑叶养蚕
Mulberry leaves for
silkworm raising
桑叶可以用来饲养蚕宝宝。

经过常年的养鱼，
塘底形成了肥沃的土壤，
又可以滋养桑树啦！

桑树
Mulberry tree

桑叶
Mulberry leaf

塘基种桑
Terrestrial base for
mulberry cultivation

桑基
宽10~20m

鱼塘
5~10亩
深度2m

基塘比例为4:6

桑基鱼塘的建设标准
Construction standard of mulberry fish ponds

2500年的农耕智慧
桑基鱼塘

Agricultural Wisdom Lasting for 2500 Years
Mulberry Fish Ponds

小小的桑基鱼塘看起来不起眼，却是全球重要农业文化遗产。
桑基鱼塘是一种合养鱼方式，从种桑树开始，通过养蚕，再到
养鱼的生产循环，构成了桑蚕鱼三者之间密切的关系。形成
塘基种桑-桑叶养蚕-蚕沙喂鱼-蚕沙喂鱼-鱼粪化泥-塘泥肥桑
这一过程闭合的能量流循环系统。在这个系统里，蚕丝、桑果、
鲜鱼又形成农产品提供人们的食用。

The small mulberry fish pond looks ordinary, however, is an
important agricultural heritage in the world. It is an integrat-
ed fish farming model with production cycle from cultivating
mulberry trees to rearing silkworms and fish, forming close
relationships among the three, which is a recycling energy
flow system with closed process: base soil for mulberry culti-
vation; mulberry leaves for silkworm rearing; silkworms
cocoon reeling; Silkworm feces for fish; fish excrement turn-
ing into mud; pond mud as fertilizer for mulberry plants. In
this system, silk, mulberry fruit, and fresh fish are agricul-
ture products for people to eat.

管湾陂塘的不同类型

江淮的原乡陂塘

Different Types of Guanwan Ponds
Original Country Ponds in Jianghuai Areas

几百年来陂塘为江淮地区孕育出丰富的生命色彩，直到今天依旧以不同的形态继续滋养着这片土地。在管湾国家湿地公园你会发现原乡每种陂塘都有自己独特的"使命"，快去寻找不同类型的陂塘吧！一起探寻千百年来人们对于陂塘的利用方式，领略江淮千龄古上人家独特的生活智慧。

For hundreds of years, ponds have generated wonderful life for Jianghuai areas, and it continues to nourish this land in different forms till today. You will find out that each type of pond has its own unique "mission" here in Guanwan National Wetland Park, so go to find different types of ponds right now! Let's explore together how people make use of the ponds for thousand of years, and perceive the unique wisdom of people in Jianghuai areas.

找一找公园中的不同类型陂塘吧！

生态陂塘空间结构

生态陂塘

小微湿地的典型代表，主要功能为水质净化、生态栖息地、气候调节器、调蓄洪水、生态景观等。

稻田陂塘空间结构

稻田陂塘

重要的农业生产设施、综合农业生产空间，用于稻田灌溉，同时塘中可种植菱角等水生作物，养殖鲤鱼、草鱼等。

生活陂塘空间结构

生活陂塘

江淮地区特色的当家塘，承担着重要的日常生活功能，如淘米洗菜、牲畜饮水、消防灭火等。

特色基塘空间结构

特色基塘

最具代表性的综合农业形式，新的功能演化，主要有桑基鱼塘、花基鱼塘等的功能性基塘。

城市
City

稻田
Rice Field

水生植物
Aquatic plant

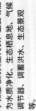

树林中的生态陂塘
Ecological Ponds in the forest

稻田里的灌溉陂塘
Irrigation Ponds in the rice field

村庄
Village

房屋前的生活陂塘
Life Ponds in front of the house

菜园
Vegetable Garden

村庄边的特色基塘
Featured Ponds beside the village

桑树
Mulberry tree

管湾国家湿地公园
Guanwan National Wetland Park

管湾国家湿地公园 Guanwan National Wetland Park

水杉
Dawn redwood
这里生长着高大的乔木，但土壤长年湿润，因此只有水杉、中山杉等耐湿乔木。

沿水位线分布的
芦苇与香蒲

沿着滩涂区的水位线会分布一些芦苇、香蒲等挺水植物，它们同可适应3米左右的水深。

变化的滩涂
和消落带地被

涨落区随着水库的水位不断变化，因此在这里生长着一些可以在水下，也可以在陆地生存的草本植物。

黑麦草
Ryegrasses

狗牙根
Bermuda grasses

蚌壳
Clamshells

独特的湿地生物群落
库塘消落带植物群落

Special Wetland Biological Community Plant Community in Hydro-Fluctuation Belts of Reservoirs and Ponds

如果你常常来管湾水库，你会发现每当夏季暴雨时节水库加大泄洪放水量，管湾水库沿岸会阶段性涨高水位；而冬季，水位则会下降。这就形成了消落带。消落带是河流或水库沿岸最高水位线和最低水位线之间周期性被淹没和裸露出的带状区域，这里生长着众多湿生植物和水涝条件的湿地植物，它们的根系把土壤紧紧"抓住"，对于防止两岸的水土流失有着重要的保护作用。

If you often visit Guanwan reservoir, you will find that when the reservoir increases the amount of flood water it releases during the summer rainstorm, the water level along the Guanwan reservoir will rise periodically; while in winter, the water level falls. This forms hydro-fluctuation belts, which are periodically submerged and exposed strip of zones on the bank of the rivers or reservoir area, between the highest and the lowest waterlines, and which are home to a variety of wetland plants that are more suitable for hygric and flooded conditions. Their roots "hold" the soil tightly and play an important role in preventing the banks from water and soil erosion.

"当家塘"与村庄生活
当家塘真当家

"Dangjia Ponds" and Village Life
Dangjia Ponds Really Have a Say at Home

让我们看一看为什么叫它当家塘呢？

巢湖流域的陂塘系统，具有 1200 多年的历史，原住民口中的"当家塘"，就是老百姓家门口的池塘，虽然不起眼，但却和村民的生活生产息息相关。在管湾国家湿地公园生活生产的村民很多日常活动是依托陂塘进行的。借助村庄附近的陂塘蓄水以及日常淘洗、孩童戏水等，陂塘成为人们的日常生活中重要的活动空间。"当家塘"具有巢湖流域典型的历史文化特征，是宝贵的人类非物质文化遗产。

With a history of more than 1200 years, this pond system in Chaohu basin is called "Dangjia Ponds" by the local people, which means ponds that are right outside the house, though ordinary, are closely related to people's life and production. Many daily activities of villagers living in Guanwan National Wetland Park rely on ponds: villagers can plant certain aquatic crops, keep aquacultured fish, as well as wash routine objects through the ponds, kids can play with water in the ponds. Therefore, ponds have become important activity space for people's daily life. "Dangjia Ponds", with the typical, historical and cultural characteristics in Chaohu basin, is valuable, intangible Cultural Heritage of Humanity.

下雨天陂塘可以存储雨水，天晴的时候就可以用来灌溉周边农田、菜园。

洗衣服
村民日常的淘米、洗衣服也会在这里。

陂塘还有一个重要的功能是作为村庄附近的消防蓄水池。

庄里的儿童也时常在这里嬉戏。

陂塘既可以养鱼，也可以饲养鸭子、鹅等家禽。

采摘菱角
陂塘里可以种植菱角、荷花等水生作物。

管湾国家湿地公园
Guanwan National Wetland Park

管湾国家湿地公园 Guanwan National Wetland Park

千年陂塘的起源
中国陂塘的历史
The Origin of the Thousand-Year Ponds
The History of Chinese Ponds

我国修筑陂塘系统的历史长达数千年，整个陂塘发展历史进程可大致分为三个阶段，分别为萌芽期、繁荣建设期和发展完善期，其中后两个时期的记载和留存较多，多数知名陂塘皆为这两个时期建成。

The history of the ponds system establishment has been lasting for thousands of years. And the whole development process can be roughly divided into three stages: germination stage, flourishing and construction stage, evolution and improvement stage, among which the latter two stages left with more records and most famous ponds were built at that time.

萌芽期
建设集中区域
黄河中上游

夏商周时期
既有"九泽既陂"（陂障九泽），伯益作井以辅助治水。

春秋时期
孙叔敖修筑淮南芍陂，是我国最早的大型陂塘水利工程。

繁荣建设期
建设集中区域
春秋时期集中在北方地区建设大、中型陂塘工程
两汉时期集中在南方地区，中型陂塘速度工程

西汉中期
我国古代水利工程开始有迅速发展的时期。

唐宋之际
陂塘水利工程进入新的发展阶段。
开始发挥两个作用：蓄水溉田、潴水济运。

秦至六朝
在淮水、汉水流域有鸿隙陂、潇阳陂、吴式陂等蓄水工程。

东汉
"广屯田，兴治芍陂及茹陂、七门、吴塘诸以溉稻田。"

清朝
陈汉认为"陂既一是防洪，二是防洪。"

发展完善期
建设集中区域
隋唐宋元及以后
以江南地区的低地丘陵为主

新中国初期
"小型为主，以蓄为主，大、小并举为主。"

芍陂（què bēi）
在安徽省寿县南，有一座古老的陂塘，经历了2600余年历代王朝的兴衰，至今仍灌溉着67万多亩的土地，是我国留存至今最古老的蓄水工程，比著名的都江堰和郑国渠还要早300多年。

鳙鱼
Bighead Carp

鳙鱼的头部较大，俗称"胖头鱼"，又叫花鲢，栖息在水域的中上层，吃原生动物和水蚤等浮游动物。

青鱼
Black Carp

青鱼栖息在水域的底层，吃螺蛳、蚬和蚌等软体动物。

鲢鱼
Silver Carp

鲢鱼又叫白鲢，在水域的上层活动，吃绿藻等浮游植物。

草鱼
Grass Carp

草鱼生活在水域的中下层，将水中植被吞食之后排出，待粪便滋生微生物之后再吃下，过滤其中的微生物。

陂塘里的生存"高手"

民间"四大家鱼"

Survival "Masters" in the Ponds "Four Major Home Fish" for Folks

在唐代以前，鲤鱼是最为广泛养殖的淡水鱼类。因为唐皇室姓李，所以鲤鱼的养殖、捕捞、买卖均被禁止，因此知名度极高的鲤鱼，却不在中国传统"四大家鱼"之中。我们现在所知道的民间"四大家鱼"是青鱼、草鱼、鲢鱼和鳙鱼这四种。它们都是鲤鱼的近亲，这些鱼看似肥头肥脑，笨拙蠢萌，但是在自然界中个个都是觅食者到河底的生存高手！它们体型体态十分多样，从水面上到河底的情草能手，几乎样样都有。

Carp was the most widely reared freshwater fish before the Tang Dynasty. Because the Tang royal family's surname was Li, it was prohibited to rear, catch, or sell carps. Therefore, the well-known carp is not among the traditional Chinese "four major home fish". The "four major home fish" now refer to black carp, grass carp, silver carp and bighead carp, which are all close relatives of carps. These fish look fat-headed and clumsy, but they are all excellent survival masters in nature. They are very diverse in body types, from predators on the surface of water to experts of grass gnawing at the bottom of the river, almost all types.

147

管湾国家湿地公园
Guanwan National Wetland Park

发现管湾的湿地居民
湿地生物多样性

The Wetland Residents in Guanwan
Wetland Biodiversity

湿地鸟类
Wetland Birds
107种

湿地植物
Wetland Plants
332种

爬行动物
Reptiles
110种

你会在管湾国家湿地公园中发现
哪些动物和植物呢？
开始你的探索之旅吧！

两栖动物
Amphibians
9种

鱼类
Fishes
31种

哺乳动物
Mammals
6种

管湾国家湿地公园是全国首个以陂塘文化为主题的国家湿地公园，目前是全国最大的陂塘湿地群，有着1200年的悠久历史。这里是全国最大的水生植物种资源库，也是众多生物的重要栖息地。根据调研，湿地公园内不仅有国家II级保护野生植物2种，还有被世界自然保护联盟红色名录列为易危的中华鳖和安徽省地方重点保护鸟类25种。当我们打在这座"居民"的生活！

Guanwan national wetland park is China's first national wetland park with the theme of pond culture. It is currently the largest pond wetland group in China, with time-honored history of 1200 years. This is the largest resource bank of aquatic plant species in China, and an important habitat for many creatures. According to the surveys, there are not only two species of wild plants under national second level protection in the wetland park, but also the Chinese softshell turtle listed as vulnerable species by the Red List of the World Conservation Union, as well as 25 species of birds under local key protection in Anhui province. Thus, please don't disturb these "residents" when we are playing or resting in the park!

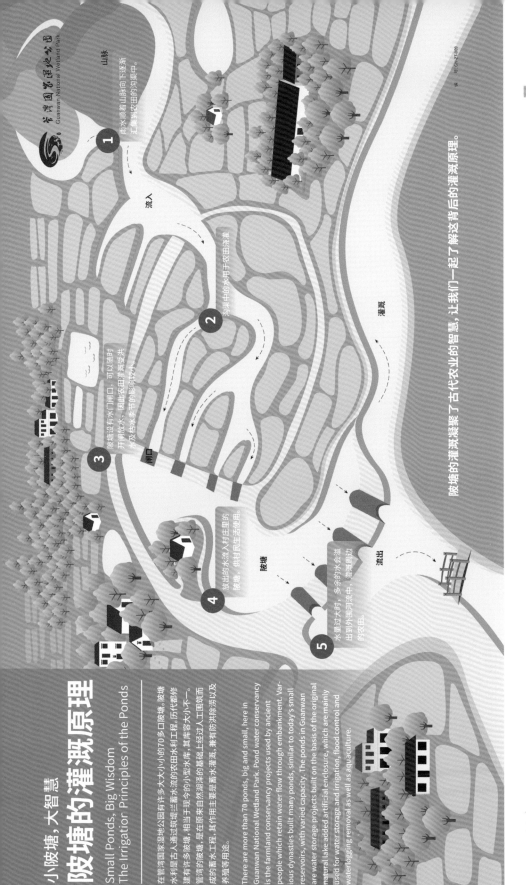

山脉

雨水顺着山脉向下逐渐汇集到农田的沟渠中。

1

流入

陂塘设有水门闸口，可以随时开闸放水，因此农田里既受洪水又及枯水季节的影响较小。

2

沟渠中的水用于农田灌溉。

灌溉

3

闸口

放出的水流入村庄里的陂塘，供村民生活使用。

4

水量过大时，多余的水会溢出到外围河流中，灌溉周边的农田。

5

流出

陂塘的灌溉凝聚了古代农业的智慧，让我们一起了解这背后的灌溉原理。

小陂塘，大智慧
陂塘的灌溉原理

Small Ponds, Big Wisdom
The Irrigation Principles of the Ponds

在管湾国家湿地公园有许多大大小小的70多口陂塘。陂塘水利是古人通过筑堤拦蓄水流的农田水利工程，历代都修建有许多陂塘，相当于现今的小型水库，其库容量大小不一。管湾的陂塘，是在原来自然湖泽的基础上经过人工围筑而成的蓄水工程，其作用主要是蓄水灌溉，兼有防洪除涝以及养殖等用途。

There are more than 70 ponds, big and small, here in Guanwan National Wetland Park. Pond water conservancy is the farmland conservancy projects used by ancient people which retain water flow through embankment. Various dynasties built many ponds, similar to today's small reservoirs, with varied capacity. The ponds in Guanwan are water storage projects built on the basis of the original natural lake added artificial enclosure, which are mainly used for water storage and irrigation, flood control and waterlogging removal as well as aquaculture.

149

碎米莎草 Cyperus iria
一年生草本，高8～85厘米。它为一种常见的中又叫三方草，野草，主长于田间、山坡、路旁等处，具有药用价值，主要用于风湿筋骨疼痛、痛经，及扫虫伤等。

狗尾草 Green Bristlegrass
一年生草本植物，高10～100厘米。狗尾草杆、叶可作饲料，根、茎、叶、草复它的植物，秋季的干草还可以作饲料生火烧水做饭，双翅销株急剧，全草切成段加水煮沸20分钟后，滤出液可喷杀虫。

小巢菜 Vicia hirsuta
一年生草本，高10～30厘米，小巢菜与野豌豆长得很像，但不要更大，是食用的嫩草植物，同时还是优质的草饲料，还（中华本草记载），具有活血、明目的功用。

野大豆 Wild Soybean
一年生缠绕草本植物，长可达8米，是国家二级保护野生植物，也是我国特有的一种植物，栽培种大豆的近缘祖先。因其近期大量采挖贩药用，野生植株急剧减少，有趋于地灭的危险品。

荠菜 Shepherd's Purse
一年或二年生草本，高10～50厘米，地方上叫荠荠，北方也叫白花菜、黑心菜，是一种人们喜爱的可食用野菜。荠菜药食两用，具有很高的药用价值。

野艾 Chinese Mugwort
多年生草本，高45～120厘米。野艾含有人体必需的蛋白质、脂肪、碳水化合物、维生素、矿物质等营养元素。食（植物）植株草，野艾的吃法也有很多，还可以艾叶蒸熟水泡脚，具有增强血液循环的功效。

繁缕 Chickweed
一年或二年生草本，高10～30厘米，各有多种微生素及矿物质。营养成分丰富，并且有正有清热解毒、利尿消肿等功效。繁缕食用部分分为嫩梢，柔嫩鲜美。

酸模叶蓼 Polygonum lapathifolium
一年生草本，茎直立，上部分枝，呈红色，节部膨大；茎裹时间一般在春夏，其可食用部位是幼苗和嫩茎叶，在新鲜状态下可直接食用其茎梢种或烹炒食用。

乡间"宝藏"
江淮乡野草本

Country "Treasure"
Wild Herbs in Jianghuai Region

管湾国家湿地公园风景优美动人，与它那路边一株株野草绿植是分不开的，特别是到了春夏这种万物生长的季节，这些绿植的长势就会更为旺盛。这些不起眼的野草，很多是珍贵的宝贝，它们可以是餐桌上美味的食材，也可以是中药中宝贵的药材，让我们一起发现它吧！

The fascinating scenery of Guanwan National Wetland Park is inseparable from the weeds and green plants along the road. Especially in seasons of spring and summer, these green plants will grow more vigorously. Many of these ordinary weeds are actually precious treasures: they can be delicious ingredients on the table, or precious medicinal materials in Chinese medicine. Let's discover it together!

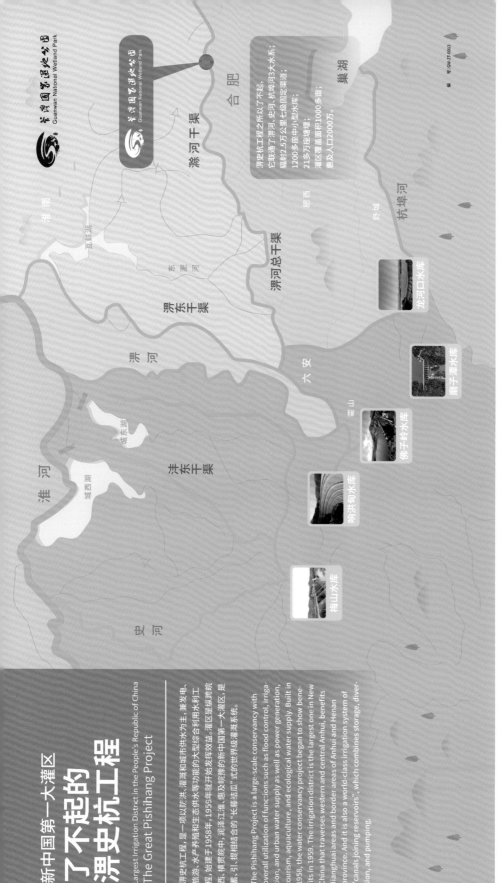

新中国第一大灌区
了不起的
淠史杭工程

Largest Irrigation District in the People's Republic of China
The Great Pishihang Project

淠史杭工程是一项以防洪、灌溉和城市供水为主、兼发电、旅游、水产养殖和生态供水等功能的大型综合利用水利工程，始建于1958年，1959年就开始发挥效益。灌区是纵跨皖西、皖豫皖中江淮江淮、惠及皖豫的新中国第一大灌区，是蓄引、提相结合的"长藤结瓜"式的世界级灌溉系统。

The Pishihang Project is a large-scale conservancy with overall utilization of functions such as flood control, irrigation, and urban water supply as well as power generation, tourism, aquaculture, and ecological water supply. Built in 1958, the water conservancy project began to show benefits in 1959. The irrigation district is the largest one in New China that traverses western and central Anhui, benefits Jianghuai areas and border areas of Anhui and Henan province. And it is also a world-class irrigation system of "canals joining reservoirs", which combines storage, diversion, and pumping.

淮南

五铁河

东淝河

淮河

城东湖

城西湖

淠河

史河

霍山

六安

肥西

舒城

合肥

滁河干渠

淠河总干渠

淠东干渠

洪东干渠

杭埠河

巢湖

梅山水库

响洪甸水库

佛子岭水库

磨子潭水库

龙河口水库

淠史杭工程之所以了不起，
它联通了淠河、史河、杭埠河3大水系；
辐射2.5万公里七级固定渠道；
1200多座中小型水库；
21多万座塘堰；
灌区覆盖面积1000多亩；
惠及人口2000万。

Bubulcus ibis
鹳形目·鹭科·牛背鹭

奇特的伙伴
牛背鹭
STRANGE PARTNER
CATTLE EGRET

牛背鹭体型圆润，喙和颈较短粗。夏羽大都白色，头和颈橙黄色，冬羽则通体白色。牛背鹭以昆虫为主食，也捕食蜘蛛、黄鳝、蚂蟥和蛙等其他小动物。牛背鹭与家畜，尤其是水牛形成了"伙伴"关系，常跟随在家畜后，捕食被家畜惊飞的昆虫，也常在牛背上歇息，因此得名。

The Cattle Egret has a rounded body with a short, thick beak and neck. Its feathers in summer are mostly white, which are all white in winter; its head and neck are orange yellow. The Cattle Egret lives on insects, and also eats other small animals such as spiders, eel, leeches, and frogs. Cattle Egrets form "partnership" with domestic animals, especially water buffaloes; they often follow livestock, prey on insects that are startled by the animals, and rest on the backs of cattle, hence their name.

分布图 DISTRIBUTION

鸟类月历
BIRD CALENDAR

春		夏			秋			冬		
3	4	5	6	7	8	9	10	11	12	1	2

● 鸟类在管湾出现的月份
● 鸟类繁殖期

GW-DT-031

Anas crecca
雁形目·鸭科·绿翅鸭

脸上有"逗号"的鸭子
绿翅鸭
THE DUCK WITH "A COMMA"
ON ITS FACE
EURASIAN TEAL

国家"三有"保护鸟类
安徽省二级保护鸟类
中日候鸟保护协定物种

绿翅鸭雄雌异色，区别很大。雄鸟脸上的绿色带斑从眼两侧一直延伸至颈侧，脸上的这个"绿色逗号"也是辨识绿翅鸭雄鸟的重要特征。除了大逗号，雄性绿翅鸭从嘴基开始有一条淡淡的白色细线延伸到眼前，尾下两侧各具一个三角形黄色斑。雌性通体褐色，只保留了金属光泽的翠绿色翼镜。绿翅鸭曾是中国最常见的一种候鸟，过去绿翅鸭一个种群可达上万，飞行时如一团团乌云在天空掠过。但如今数量却大大减少，不复当年盛况。

Male and female Eurasian Teals have huge difference in colors. The green spots on the male's face extend from both sides of the eyes to the neck, and the "green comma" on the face is also an important feature to identify the male Eurasian Teal. In addition to the large comma, the male Eurasian Teal has a pale white thin line extending from the beak base to the eyes and a triangular yellow spot on each side of the undertail. The females are all brown, only retaining emerald green wing mirrors with metallic luster. Eurasian Teals were once one of the most common resident birds in China, the number of a population reaching tens of thousands and flying like clouds across the sky. But today the numbers are much smaller than they were.

分布图 DISTRIBUTION

鸟类月历
BIRD CALENDAR

春		夏			秋			冬		
3	4	5	6	7	8	9	10	11	12	1	2

● 鸟类在管湾出现的月份
● 鸟类繁殖期

GW-DT-028

Lanius schach
雀形目·伯劳科·棕背伯劳

飞羽界的小佐罗
棕背伯劳伯

**SMALL ZORRO AMONG FLIGHT
FEATHER ANIMALS
LONG-TAILED SHRIKE**

国家"三有"保护鸟类
安徽省二级保护鸟类

黑色的贯眼纹是棕背伯劳的标志，好像戴着"蒙面侠"佐罗的眼罩。棕背伯劳是典型的肉食性鸟类，其喙粗壮而侧扁，先端向下弯曲形成利钩，可以很牢靠地掐住动物，使其不易从喙里逃脱。棕背伯劳经常停栖在空旷地的突枝上，四处张望，一旦发现有猎物出现便会迅速猛扑过去，捕获猎物后又会重新返回原来树枝上啄食。

The black eye stripe is the sign of the Long-Tailed Shrike, as if wearing the eye patch of "Masked Man" Zorro. The Long-Tailed Shrike is a typical carnivorous bird. Its beak is stout and laterally flat, and the tip is bent downward to form a sharp hook, which can seize the animal firmly and make it difficult to escape from the mouth. Long-Tailed Shrikes often perch on protrude branches in the open, looking around, and will pounce upon prey as soon as they find it. After capturing the prey, they will return to the original branches to peck at it.

分布图 DISTRIBUTION

鸟类月历
BIRD CALENDAR

	春		夏			秋			冬		
3	4	5	6	7	8	9	10	11	12	1	2

GW-DT-032

Ardea alba
鹳形目·鹭科·大白鹭

体型最大的白鹭
大白鹭

**EGRET WITH THE HUGEST BODY
GREAT EGRET**

大白鹭体长94~104厘米，是白鹭家族中体型最大的。大白鹭通体白色，黑脚、黑腿，腿上部分带绿或者红色。喙部呈黄色，繁殖期间全部或者部分会变成黑色，背部还有装饰羽。大白鹭常常成单只或10余只的小群活动，有时在繁殖期间亦见有多达300多只的大群，偶尔和其他鹭混群。

With a body length of 94 to 104 cm, the Great Egret is the largest in Egret family. The Great Egret is white with black feet and legs, and part of the legs is green or red; the beak is yellow, which may wholly or partly turn black during reproduction. And it has decorative feathers on the back. Great Egrets often live in small groups of more than 10 individuals, sometimes in large groups of more than 300 during breeding, and occasionally, also in mixed groups with other egrets.

分布图 DISTRIBUTION

鸟类月历
BIRD CALENDAR

	春		夏			秋			冬		
3	4	5	6	7	8	9	10	11	12	1	2

GW-DT-029

Upupa epops
戴胜目·戴胜科·戴胜

羽冠华丽的臭姑姑
戴胜

**"STINKING AUNT" WITH A
GORGEOUS CROWN
EURASIAN HOOPOE**

国家"三有"保护鸟类

戴胜头顶具有凤冠状羽冠，呈棕栗色并带有黑色端斑。戴胜喙形细长，常栖息在林缘、耕地等开阔地带。很多地方，人们把戴胜叫"臭姑姑"。原来这种鸟虽然颜值不低，却不太讲究个人卫生，常常不清理自己巢穴里的粪便。雌鸟还会分泌一种带有恶臭的油脂，让鸟巢臭气熏天。而对自己的臭媳妇，雄鸟并不嫌弃，它每天都会把捉来的小虫送给雌鸟吃，当起尽职尽责的好丈夫。原来，难闻的气味可以驱走蛇等不速之客，这是戴胜防御敌害的自卫方式。

Along with a crown of feathers on the top of its head, which is brown and chestnut with black tip spots, Eurasian Hoopoe has a long, thin bill, often habitat in open areas such as the forest edge, cultivated land. In many places, Eurasian Hoopoe is known as "Stinking Aunt", it turns out that despite their good looks, these birds don't pay much attention to their hygiene and often don't clean up feces in their nests. The females also secrete a foul-smelling oil that makes the nest stink. However, as a responsible husband, facing their stinking wife, the male bird is not complaining; instead, it will catch bugs every day and give them to their wife to eat. The fact is, the stinking smell can drive away snakes and other uninvited guests, which is Eurasian Hoopoe's unique way of self-defense.

分布图 DISTRIBUTION

鸟类月历 BIRD CALENDAR

春			夏			秋			冬		
3	4	5	6	7	8	9	10	11	12	1	2

GW-DT-033

Ardea cinerea
鹳形目·鹭科·苍鹭

优雅的精灵
苍鹭

**ELEGANT FAIRY
GREY HERON**

国家"三有"保护鸟类

苍鹭外形像鹤，身体以苍灰色为主，喜欢长时间在水边静立不动，伺机捕食鱼虾，因此也有"长脖老"等外号。一对苍鹭夫妇每年最少繁殖两窝以上，每窝三四只。哺育雏鸟非常辛苦，待雏鸟羽毛渐丰，能舞动翅膀和悬停时，亲鸟便将其赶出鸟巢。随后亲鸟会开始为繁殖下一任后代做准备。

Grey Heron looks like a crane, and its body is mainly pale gray. It likes to stand still alongside the water for a long time, waiting for opportunities to catch fish and shrimp. Therefore, it is also nicknamed "old man with a long neck". A Grey Heron couple breed at least two broods of three or four per brood per year. Raising a chick is painstaking, and when the chick feathers enough to flutter and hover, the parent birds kick it out of the nest. The parent bird then begins to prepare for reproducing.

分布图 DISTRIBUTION

鸟类月历 BIRD CALENDAR

春			夏			秋			冬		
3	4	5	6	7	8	9	10	11	12	1	2

GW-DT-030

Tachybaptus ruficollis
鸊鷉目 · 鸊鷉科 · 小鸊鷉

鸟中"好父母"
小鸊鷉

"GOOD PARENTS" AMONG BIRDS
LITTLE GREBE

国家"三有"保护鸟类

小鸊鷉 (pì tì) 是一种身形比较小的水鸟，它的身上有"三短"：尾短(尾羽几乎退化，像是没有尾巴)、翅短、腿短(长在身体的后部)，看起来颇像一个毛茸茸的葫芦。小鸊鷉父母是极其宠爱小鸊鷉宝宝的，刚出生的小鸊鷉不会游泳，小鸊鷉父母害怕自己不在宝宝的时候，宝宝会遭"毒手"，所以每次下水捕食的时候，都会将小鸊鷉宝宝背在背上，并随时给它们喂食小鱼、水生小昆虫等食物，这种情况一直要持续到小鸊鷉宝宝学会潜水、能够独自捕食为止。

The Little Grebe, a relatively small water bird, has a short tail (its tail feathers degenerate so thoroughly that it looks like no tail), short wings, and short legs (growing in the back of its body), looking so much like a woolly gourd. The Little Grebe parents extremely spoil their babies: since the newborn babies cannot swim, their parents are worried that the babies will be "in danger" when they are out. Therefore, they carry the babies on their back and feed them with food such as fish and aquatic insects every time when hunting underwater, which lasts until small babies learn to dive and hunt alone.

巴川来源于网络

鸟类月历
BIRD CALENDAR
① 鸟类在保护区内分布
② 鸟类繁殖期

		春			夏			秋			冬	
3	4	5	6	7	8	9	10	11	12	1	2

分布图 DISTRIBUTION

GW-DT-025

Phalacrocorax carbo
鹈形目 – 鸬鹚科 – 普通鸬鹚

捕鱼"专家"
普通鸬鹚

FISHING "EXPERT"
GREAT CORMORANT

国家"三有"保护鸟类
安徽省二级保护鸟类

普通鸬鹚体型较大，全身羽毛黑色有金属光泽，俗称鱼鹰。繁殖季节，雄鸟头部和颈部会长出丝丝缕缕的白色羽毛，颇有仙气。鸬鹚的喙部长且强壮，先端具锐钩，是天生的捕鱼好手。鸬鹚在捕鱼的时候，会将整个脑袋扎进水里，捕到鱼后不会立刻吃掉，而是将其暂存在下喉的小囊中。渔民们正是利用了鸬鹚的这一特点，驯养鸬鹚为自己捕鱼，有了这个天然的捕鱼高手，渔民们只需坐收渔翁之利。如今在云南、广西和湖南等地，仍有人沿用鸬鹚捕鱼的传统。

Common Cormorant, with a large body, whose body feathers are black and with metallic luster, commonly known as the Osprey. During the breeding season, the male bird's head and neck grow strands of white feathers, which is quite ethereal. The Cormorant has a long, strong beak and a sharp hook at the tip, making it a natural fisherman. A Cormorant plunges its whole head into the water when it hunts a fish. It keeps the fish temporarily in a small pouch in its lower throat instead of eating it immediately, which is taken advantage by fishermen who domesticate Cormorants to catch fish for themselves. With this innate fishing expert, fishermen only need to wait and gain. Nowadays, the tradition of Cormorant fishing is still practiced in places such as Yunnan, Guangxi and Hunan provinces.

分布图 DISTRIBUTION

鸟类月历
BIRD CALENDAR
① 鸟类在保护区内分布
② 鸟类繁殖期

		春			夏			秋			冬	
3	4	5	6	7	8	9	10	11	12	1	2

GW-DT-022

Egretta garzetta
鹳形目·鹭科·白鹭

白衣仙子
白鹭

FAIRY IN WHITE
LITTLE EGRET

国家"三有"保护鸟类

白鹭是管湾国家湿地公园中最为常见的水鸟。由于公园四季食物充足，大多数白鹭在这里安家后就常住了下来，成为管湾的留鸟。白鹭身披纯白的羽衣，看上去仙气十足，它们的喙和腿细长，呈黑色，爪则为黄色，颈部呈明显的S型。每当到了繁殖季节，白鹭的头后会长出非常漂亮的饰羽，仿佛细长的辫子，背和上胸则会生长出上卷的、洁白的蓑羽。白鹭夫妇会共筑爱巢，抚育小宝宝，到了第二年再次南下的时候，它们往往还会в原来的地方筑巢。

Little Egrets are the most common waterfowl in Guanwan National Wetland Park. Since the park has plenty of food all over the year, most egrets settle down here and become resident birds in Guanwan. With long black beaks and legs, yellow claws and a distinctive S-shaped neck, egrets are ethereal in their pure white plumage. During the breeding season, egrets develop beautiful plumage from the back of their heads, like long, slender braids; white, rolled feathers from the back and upper chest. The egrets couple build nests together, raise their young, and often nest in the same spot when they head south again the following year.

分布图 DISTRIBUTION

鸟类月历
BIRD CALENDAR

春		夏			秋			冬	
3	4	5	6	7	8	9	10	11	12	1	2

GW-DT-026

Tringa nebularia
鸻形目·鹬科·青脚鹬

穿着绿靴子的涉禽
青脚鹬

A WADER IN GREEN BOOTS
COMMON GREENSHANK

国家"三有"保护鸟类
中日候鸟保护协定物种
中澳候鸟保护协定物种

青脚鹬体型修长，羽毛分为简单的暗灰色和白色，而它的脚不必多说——多为青绿色或黄绿色，像一双绿靴子，故命名为青脚鹬。青脚鹬是鹬科中较为常见的种类，它不仅分布于我国大部分地区，而且在世界上大多数国家也都能看到它的踪迹。作为典型的涉禽，青脚鹬同样有一双大长腿，常常步履矫健在河流湖泊的浅水滩头觅食，受惊吓时向远方飞行一段距离后落下继续觅食，飞行时发出口哨般的独特鸣声。

The Common Greenshank has a slender body, with simple dark gray and white feathers. Needless to say, its feet are mostly blue-green or yellow-green, and look like a pair of green boots, so it is named the Common Greenshank. The Common Greenshank, a common species in Scolopacidae, is not only distributed in most areas of China, but also can be found in most countries in the world. As a typical wader, the Common Greenshank also has a pair of long legs. It often walks vigorously along the shoreline and the edges of shallow waters of rivers and lakes to seek for food. When frightened, it flies for a certain distance and then drops to continue foraging, and it makes a unique whistle-like sound while flying.

分布图 DISTRIBUTION

鸟类月历
BIRD CALENDAR

春		夏			秋			冬	
3	4	5	6	7	8	9	10	11	12	1	2

GW-DT-023

Gallinula chloropus
鹤形目 - 秧鸡科 - 黑水鸡

会游泳的涉禽
黑水鸡

A WADER THAT CAN SWIM
COMMON MOORHEN

国家"三有"保护鸟类
中日候鸟保护协定物种

黑水鸡的额甲呈鲜红色，喙端是淡黄绿色，头、颈及上背为灰黑色，远远望去撞色很明显。黑水鸡属于涉禽类，较适应沼泽和水边生活，会涉水行走。但一般涉禽不会游泳，由此对照，黑水鸡又是一种奇特的涉禽。它们除了竖起频频摆动的尾巴涉水行走外，还喜欢脖子一伸一伸地游泳，甚至会为了躲避危险潜入水中，所以黑水鸡是一种会游泳的涉禽。

The forearm of Common Moorhen is bright red, the end of the beak is yellowish green, and the head, neck and upper back are grayish black—watching from a distance, their color contrast is quite obvious. As a wader, the Common Moorhen is relatively adapted to live in marsh and along water, and can wade. However, the Common Moorhen is a strange wader considering most waders cannot swim. In addition to wading with their tail upright and frequently swinging, Common Moorhens also like to swim with their neck stretching out, and will even dive into the water to escape from danger. Thus, Common Moorhen is a wader that can swim.

分布图 DISTRIBUTION

鸟类月历
BIRD CALENDAR

春			夏			秋			冬		
3	4	5	6	7	8	9	10	11	12	1	2

GW-DT-027

Ardeola bacchus
鹈形目 - 鹭科 - 池鹭

身披蓑衣的"捕鱼翁"
池鹭

"FISHINGMEN" IN COIR RAINCOAT
CHINESE POND HERON

国家"三有"保护鸟类

池鹭是体形较小的鹭鸟，体长约47厘米，腹部白色，背部深褐色并呈现出蓑羽状。池鹭喜欢盯着水面一动不动，远远看去真像是身披蓑衣等待"愿者上钩"的垂钓者。每到夏天，池鹭头部和颈部的繁殖羽呈现泛红光的深栗色，背部则呈现酱紫色。在安徽，池鹭大多是夏候鸟，所以我们更多地可以观察到它们身披繁殖羽时的艳丽外表。

The Pond Heron is a small egret, with a body length of about 47 cm, a white belly, and a dark brown back shaped like a demoiselle. Pond Herons like to stare at the water motionlessly, from a distance, look really like anglers who wear coir raincoat waiting for the fish "willing to be hooked". In summer, the breeding feathers on the head and neck of the Pond Heron take on a deep marron color and a dark purple color on the back. In Anhui, Pond Herons are mostly summer resident birds, so we more often observe their colorful appearance of breeding feathers.

分布图 DISTRIBUTION

鸟类月历
BIRD CALENDAR

春			夏			秋			冬		
3	4	5	6	7	8	9	10	11	12	1	2

GW-DT-024

管湾

国家湿地公园
解说系统规划研究

Vanellus cinereus
鸻形目·鸻科·灰头麦鸡

不是鸡是鸟
灰头麦鸡

NOT A CHICKEN, BUT A BIRD
GREY-HEADED LAPWING

国家"三有"保护鸟类

灰头麦鸡的头、颈、胸均呈灰色，飞翔时除翼尖和尾端黑色外，翅下和从胸至尾全为白色。翅上初级飞羽和次级飞羽黑白分明。灰头麦鸡具有涉禽标志性的长腿，能让它们在浅水中自由行走、觅食。灰头麦鸡多成双或结小群活动于开阔的沼泽、水田、耕地、草地、河畔或山中池塘畔，每年的迁徙季时常10余只结群飞行。

The head, neck and chest of the Grey-Headed Lapwing are all gray. When flying, except that the tip and tail of the wings are black, the underwing and areas from the chest to the tail are all white; the primary and secondary flight feathers on the wings are distinctively black and white. Grey-Headed Lapwings have the long legs that are symbolic for waders, allowing them to walk freely in shallow water and forage for food. And they usually act in pairs or in small groups in open swamps, paddy fields, cultivated lands, grasslands, rivers or mountain ponds; they often fly in flocks of more than 10 birds during the annual migration season.

分布图 DISTRIBUTION

鸟类月历
BIRD CALENDAR

| 春 | | 夏 | | | 秋 | | | 冬 | | |
| 3 | 4 | 5 | 6 | 7 | 8 | 9 | 10 | 11 | 12 | 1 | 2 |

GW-DT-037

Pica pica
雀形目·鸦科·喜鹊

报喜鸟
喜鹊

BIRDS ANNOUNCING GOOD NEWS
MAGPIE

国家"三有"保护鸟类

喜鹊体长40-50厘米，雌雄羽色相似，头、颈、背至尾均为黑色，自前往后分别呈现紫色、绿蓝色、绿色等光泽，双翅黑色而在翼肩有一大形白斑，尾远较翅长。喜鹊喜欢生活在有人居住的地方。在中国民间，喜鹊被视作吉祥的象征。实际上，喜鹊远比人们想象的要"凶恶"得多，它们非常好斗，而且常小偷小摸地搞破坏，袭击其他动物，到处惹是生非。

With body length of 40 to 50 cm, male and female Magpie has similar feather color: its head, neck, back, and tail are all black, presenting lusters such as purple, green blue, green respectively; it has black wings and a large white spot in the upper part of the wing; its tail is far longer than the wing. Magpies like to live in the places that people live in Chinese folk views, Magpies are regarded as a symbol of good luck. In fact, However, Magpies are far more "vicious" than people imagine: they are very aggressive, and they often steal and damage things, attack other animals, and cause trouble everywhere.

分布图 DISTRIBUTION

158

鸟类月历
BIRD CALENDAR

| 春 | | 夏 | | | 秋 | | | 冬 | | |
| 3 | 4 | 5 | 6 | 7 | 8 | 9 | 10 | 11 | 12 | 1 | 2 |

GW-DT-034

Eophona
雀形目·燕雀科·黑尾蜡嘴雀

憨态可掬小萌鸟
黑尾蜡嘴雀
LITTLE NAÏVE AND CUTE BIRDS
CHINESE GROSBEAK
国家"三有"保护鸟类

黑尾蜡嘴雀体长约20厘米,雄雌羽色相似,是常见的鸣禽。黑尾蜡嘴雀常在树冠活动,频繁地在枝叶间跳跃,或从一棵树飞至另一棵树,飞行迅速、两翅鼓动有力,总是一闪即逝。黑尾蜡嘴雀生性活泼而大胆,不是很怕人,平时较少鸣叫,繁殖期间鸣叫频繁,鸣声高亢,悠扬而婉转,很远都能听到。

The Chinese Grosbeak is a common songbird with a body length of about 20 cm and similar plumage color between male and female birds. The Chinese Grosbeak are often active in the canopy of trees, frequently jumping from branches to branches, or from a tree to another, and the fast, strong wings always make them move like a flash. The Chinese Grosbeak is innately lively and bold. It is not very afraid of people; usually, it sings not so often, but during reproduction, it sings frequently with loud, melodious, and pleasant voice that can be heard from a very far distance.

分布图 DISTRIBUTION

鸟类月历
BIRD CALENDAR

	春		夏			秋			冬		
3	4	5	6	7	8	9	10	11	12	1	2

GW-DT-038

Dicrurus macrocercus
雀形目·卷尾科·黑卷尾

又凶又小心眼的
黑卷尾
MEAN AND PRETTY
BLACK DRONGO
国家"三有"保护鸟类

黑卷尾一身漆黑,媲美燕尾,逆光之中,散发黑金属的光芒。黑卷尾会用草和泥巴在树上筑巢,偶尔会发出一阵近似小猫的叫声。黑卷尾很勇敢,有很强的领地意识,所有进入它巢区的其它鸟儿,它都会进行驱赶,哪怕是个头比它大的鹰、红隼等猛禽,只要进入它的领地,它都会勇敢地扑上去,把它们赶走。

Black Drongo is wholly black, with forked tail on a par with swallowtail, emitting radiance like black metal in the backlight. Black Drongo build nests in trees with grass and mud, and occasionally make bursts of kitten-like meows. Black Drongo is very brave and has a strong sense of territory. It will expel all other birds entering its nest area, even eagles, kestrels and other raptors much larger than it; as long as they invade its territory, it will jump on them bravely and drive them away.

分布图 DISTRIBUTION

鸟类月历
BIRD CALENDAR

	春		夏			秋			冬		
3	4	5	6	7	8	9	10	11	12	1	2

GW-DT-035

Dupetor flavicollis
鹈形目·鹭科·黑鳽

伪装达人
黑鳽 (jiān)
CAMOUFLAGE EXPERT
BLACK BITTERN
国家"三有"保护鸟类

黑鳽又名黑苇鳽，体长50-60厘米。雄性成鸟额、头顶至后颈，背羽、翅和尾羽均具蓝灰金属光泽。黑鳽生性胆怯又好奇，常一动不动地站在地上，头颈垂直向上伸直并注视四周。黑鳽个头较大，体色深，白天出来容易引起捕食者的注意，因此常在黄昏和夜间出没。

Black Bittern is also known as *heiweijian* in Chinese, with body size of 50 to 60 cm.Male adult birds have blue gray metallic luster on their foreheads, top of their heads to their nape, back feathers, wings and tail feathers. Timid and curious by nature, Black Bitterns often stand motionlessly on the ground with head and neck straight up and staring around. Since Black Bitterns is relatively large and dark in color, it is easy to attract the attention of predators when it comes out in the daytime, thus, it is often seen at dusk and at night.

分布图 DISTRIBUTION

鸟类月历
BIRD CALENDAR

春 夏 秋 冬
3 4 5 6 7 8 9 10 11 12 1 2

GW-DT-039

Sturnus cineraceus
雀形目·椋鸟科·灰椋鸟

农林的好朋友
灰椋鸟
A GOOD FRIEND OF AGRICUTURE
AND FORESTRY
WHITE-CHEEKED STARLING
国家"三有"保护鸟类

灰椋鸟有着"高粱头"、"竹雀"、"假画眉"、"哈拉燕"等别称。其头顶至后颈黑色，额和头顶杂有白色，颊和耳覆羽白色微杂有黑色纵纹。灰椋鸟是一种农林益鸟，2000年8月被列入《国家保护的有益的或者有重要经济、科学研究价值的陆生野生动物名录》(俗称"三有")，隶属雀形目椋鸟科。

The White-Cheeked Starlings have other names such as "sorghum head", "bamboo finch", "false thrush" and "halai swallow". The head to back neck is blackish with whitish cheeks and forehead; feathers in cheek and ear are white slightly mixed with black longitudinal lines. The White-Cheeked Starling is a bird beneficial to agriculture and forestry; In August 2000, it was listed in the List of Terrestrial Wild Animals of Benefit or Important Economic and Scientific Research Value under National Protection (commonly known as "three benefits"), belonging to Passeriformes Sturnidae family.

分布图 DISTRIBUTION

鸟类月历
BIRD CALENDAR

春 夏 秋 冬
3 4 5 6 7 8 9 10 11 12 1 2

GW-DT-036

Typha latifolia L.
香蒲科·香蒲属·宽叶香蒲

长"火腿"的乡土水草
宽叶香蒲
LOCAL WATER PLANT GROWING
WITH "HAMS"
COMMON CATTAIL

常年积水的池塘、沼泽是香蒲安营扎寨的地方。它的根深藏在淤泥中，在低温和高温环境下会暂停或缓慢生长，可以多年不死，除非水枯见底。生长在香蒲叶子中间的一根根"火腿"，其实是果序，它们会自己爆开，变成一个大毛球，随风播撒，收获一株株新生命。
Common Cattail grows in the perennial water-accumulated places, like pond and swamp. Its roots are buried deep in silt and will suspend or slow its growth in extreme low and high temperatures, thus, it can survive for many years unless the water dries out. The "hams" that grow in the middle of the Cattail leaves are actually inflorescence which will burst open by itself and become a big furry ball, scattering with the wind and harvesting new life.

植物月历
PLANT CALENDAR
○ 植物花期
◑ 植物果期

春	夏	秋	冬
1 2 3 4 5 6 7 8 9 10 11 12			

植物叶子图片　植物花序图片

GW-DT-004

Phragmites australis
禾本科·芦苇属·芦苇

湿地的守护者
芦苇
GUARDIAN OF THE WETLANDS
COMMON REED

芦苇可能是水边最常见、令人印象最深的植物了。芦苇仿佛天生与水相伴，没有芦苇的湿地，就仿佛失去了作为湿地的证明。平凡的芦苇不仅仅是湿地生态的重要一环，它还可以造纸、入药、做帘子、扎扫帚、编席子等，外表平凡但生平伟大。
Reeds are possibly the most common and impressive plants near the water. They seem to be naturally accompanied by water. A wetland without reeds seems to have lost its identity. Reeds, though ordinary, are not only an important part of the wetland ecology, but also can be used to make paper, medicine, curtains, brooms, mats and so on. Thus, they have ordinary appearance but extraordinary life.

植物月历
PLANT CALENDAR
○ 植物花期
◑ 植物果期

春	夏	秋	冬
1 2 3 4 5 6 7 8 9 10 11 12			

植物叶子图片　植物花序图片

GW-DT-001

Nymphaea tetragona
睡莲科·睡莲属·睡莲

画中睡美人
睡莲

SLEEPING BEAUTY IN THE PAINTING
PYGMY WATERLILY FLOWER

一池碧水，微动涟漪。睡莲花好似一位纤尘不染的少女睡卧于碧水之上，神态纯真。睡莲是极美的，在田田莲叶之间，成为绝世风景。在古埃及神话里，太阳是由睡莲绽放诞生的，睡莲因此被奉为"神圣之花"，成为遍布古埃及寺庙廊柱的图腾，象征着"只有开始，不会幻灭"的祈福。

A pool of clear water slightly stirred the ripples. The waterlily looks like an unsophisticated girl, sleeping on the clear water with pure expression. The waterlily is extremely beautiful, thus becoming a peerless scenery among the luxuriant lotus leaves. In ancient Egyptian mythology, the sun was born from the blossom of waterlily. The waterlily was, therefore, revered as a "sacred flower" and became a totem on all the pillars of ancient Egyptian temples, symbolizing the blessing of "only a beginning, no disilusion."

图片来源于网络

植物月历
PLANT CALENDAR
● 植物花期
● 植物果期

春		夏			秋			冬		
1	2	3	4	5	6	7	8	9	10	11	12

植物叶子图片　　植物花序图片

GW-DT-005

Nelumbo nucifera gaertn
莲科·莲属·莲

出淤泥而不染
莲

SPROUT OUT OF THE DIRT
WITHOUT A SPOT ON IT
LOTUS

说到荷花，大家都认识。说到莲，大家也觉得很熟悉。其实荷花就是莲，只是荷花是俗名罢了，相信很多人会感到惊讶。荷花的栽种在我国已有很多年历史了，对生长环境有着极强适应能力的它，不仅能在大小湖泊、池塘中吐红摇翠，甚至在很小的盆碗中亦能风姿绰约，装点人间。

Most people know he, and feel familiar with *lian*, I believe many people will be surprised if I tell you that he is *lian*, just he is a common name.He has been planting in China for many years. Since it is strongly capable of adapting to its environment, it can not only blossom quite well in lakes and ponds, but also gracefully flourish in small pots and bowls, decorating the whole world.

图片来源于网络

植物月历
PLANT CALENDAR
● 植物花期
● 植物果期

春		夏			秋			冬		
1	2	3	4	5	6	7	8	9	10	11	12

植物叶子图片　　植物花序图片

GW-DT-002

Iris tectorum
鸢尾科·鸢尾属·鸢尾

彩虹女神
鸢尾

RAINBOW GODDESS
IRIS TECTORUM MAXIM

鸢尾为多年生草本。其叶剑形，扁而宽；花多蓝紫色，有"蓝色妖姬"的美誉，鸢尾花因花瓣形如鸢鸟尾巴而称之其属名"iris"，即"爱丽丝"，在希腊神话中是彩虹女神的意思。鸢尾花香气淡雅，可以调制香水，其根状茎则可作中药。

Iris is a perennial herb. Its leaves are sword-shaped, flat and wide; the flowers are mostly bluish violet, and have the reputation of "blue enchantress". Since the petals are shaped like the tails of kite, Iris flower is called the genus name "iris", namely "Alice", which means rainbow goddess in Greek mythology. Iris flower is used to make perfume because its fragrance is quietly elegant. Moreover, its rhizome can be used as traditional Chinese medicine.

图片来源于网络

植物月历
PLANT CALENDAR

	春		夏		秋		冬			
1	2	3	4	5	6	7	8	9	10	11	12

● 植物花期
● 植物果期

植物叶子图片　　植物花序图片

GW-DT-006

Zizania latifolia
禾本科·菰属·菰

美味的江南珍品
菰

DELICIOUS JIANGNAN
TREASURE
WILD RICE

菰是一种多年生草本植物，常生长在浅水中，其植株易受黑穗菌的寄生，使花茎不能正常开花，但在菰秆基部的嫩茎却因真菌寄生变得粗大肥嫩，类似竹笋，而成为一道美味的蔬菜：茭白。但在唐代以前，"菰"是被当作粮食作物栽培的，它的种子叫菰米，是"六谷"（稻子、黍、稷、粱、麦、菰）之一。

Wild Rice, which often grows in the shallow water, is a perennial herb. Its plant is easily susceptible to the parasitism of a fungus called Tilletia caries, which, on the one hand, makes the flower stem cannot bloom normally, on the other hand, contributes to the thicker and tender stem, similar to bamboo shoots, in the base part, becoming a delicious vegetable: Wild Rice Shoots. However, before the Tang Dynasty, " Wild Rice " was cultivated as a grain crop, the seeds of which was called wild rice, one of the "six grains" (rice, two kinds of millet, sorghum, wheat, wild rice).

植物月历
PLANT CALENDAR

	春		夏		秋		冬			
1	2	3	4	5	6	7	8	9	10	11	12

● 植物花期
● 植物果期

植物叶子图片　　植物花序图片

GW-DT-003

树中"粮仓"

桑

"GRAIN BARN" IN TREES
WHITE MULBERRY

桑是落叶乔木，嫩枝和茎叶含白色乳汁。桑树雌雄异株，花小而多，聚集成柔荑(tí)花序或穗状花序，靠风为媒进行传粉，结出的果实即桑椹。野生的桑树果实小而无味，却是鸟类的可口美食，鸟儿采食的同时也会帮助桑树传播种子。桑叶可以喂养家蚕，如果你仔细观察的话，说不定还可以在桑叶上发现家蚕的祖先桑野蚕。

Mulberry is a deciduous tree with white milk in its twigs and stems. It is dioecious and has many small flowers, which gather to be the catkin or spike inflorescence. Pollinated by wind, Mulberry bears fruit which called mulberry. The fruit of the wild mulberry is small and tasteless, but it is a delicious food for birds. The birds eat the fruit, and at the same time, help the mulberry to spread its seeds. Mulberry leaves are used as food for silkworms, and if you observe carefully, you may be likely to find the domestic silkworm's ancestor, the mulberry silkworm, on the mulberry leaves.

植物果子图片

植物叶子图片

植物月历
PLANT CALENDAR

	春		夏			秋			冬		
1	2	3	4	5	6	7	8	9	10	11	12

植物花期
植物采期

GW-DT-014

全身藏宝的"灯笼树"

栾树

"LANTERN TREE" WITH
TREASURES ALL OVER ITS BODY
GOLDEN RAIN TREE

栾树在夏初开黄色小花，满树金黄，花谢时落花如雨，外国人称它为"金雨树"。栾树花落后会结出一串串灯笼状的果实，因此也被称为"灯笼树"，"灯笼"里的球形种子也是鸟儿的重要食物。栾树花可以作为染料，栾树叶虽然是绿色的，但如果和白布一起煮会使布染成靛蓝色，所以民间也称它为"乌叶子树"。

Golden Rain Tree blooms yellow flowers in early summer, turning into a golden tree. When the blooms are finished and the petals drop to the ground it resembles a 'Golden Rain' blanket, hence the common name. It is also known as the "lantern tree" because it produces clusters of lantern-like fruits after flowers falling down, and the globular seeds in the "lanterns" are also important food for birds. The flower of Golden Rain Tree can be used as dye. Although the leaves of it are green, they will be dyed to indigo blue if cooked with white cloth, so people also call it "black leaves tree".

植物果子图片

植物花序图片

植物月历
PLANT CALENDAR

	春		夏			秋			冬		
1	2	3	4	5	6	7	8	9	10	11	12

植物花期
植物采期

GW-DT-013

Diospyros kaki
柿科 -柿属 - 柿树

古老的果树
柿树
OLD FRUIT TREES
PERSIMMON TREES

柿树是落叶大乔木，高可达10-14米，在管湾的村庄里随处可见。早在250万年前，中国即有柿树存在。根据文献的考证，早在2000多年前(汉)司马相如所著的《上林赋》(公元前120-前118)中，便有"柿柏燃楟"的说法，这是较早的关于柿树栽培的记载。

Persimmon Trees are large deciduous trees, reaching the height of 10 to 14 meters, and can be found everywhere in the village of Guan Wan. Persimmon Trees have existed in China since 2.5 million years ago. According to literature research, as early as more than 2,000 years ago (Han Dynasty), there was a saying of "loquat, wild jujube, persimmon" in Sima Xiangru's "Shanglin Garden Ode" (120-118 BC), which is the earliest record of Persimmon cultivation.

植物月历
PLANT CALENDAR

春			夏			秋			冬		
1	2	3	4	5	6	7	8	9	10	11	12

植物果子图片
植物叶子图片

GW-DT-018

Sophora japonica
蝶形花科 - 槐属 - 槐

源远流长的中华古树
槐
CHINESE ANCIENT TREE DATING
FROM A LONG TIME
CHINESE SCHOLAR TREE

槐，又名国槐。其树形高大挺拔，树皮灰褐色，具纵裂纹。圆锥花序顶生，一朵朵白色或淡黄色的小花簇拥呈金字塔形，十分可爱。中华槐树文化可追溯千年，自汉代以来，宫殿、庭院之中便兴起了栽种槐树之风，形容翩翩公子的成语"玉树临风"便取自这傲然的古槐。自古与帝王休戚相关的槐花，到了唐宋，依旧与官宦相关联，宰相之位，亦称"槐位"。

Scholar Tree, also known as national Scholar Tree. It's tall and straight with grayish brown bark and longitudinal crack on the surface. With panicles at the top, white or yellowish clusters of small pyramidal are very lovely. Chinese Scholar Tree culture can be traced back to thousands of years. It had been popular to plant Scholar Trees in palaces and courtyards since the Han Dynasty. And the idiom "a jade tree in the wind", which describes a young man's talents as well as his physical appearance, is derived from this lofty ancient Scholar Tree. Pagoda flowers, which were closely related to the emperors ever since ancient times, were still associated with officials in the Tang and Song dynasties, and the position of prime minister was called. "Position of Scholar Tree".

植物月历
PLANT CALENDAR

春			夏			秋			冬		
1	2	3	4	5	6	7	8	9	10	11	12

植物叶子图片
植物花序图片

GW-DT-012

Salix matsudana
杨柳科·柳属·旱柳

湿地卫士
旱柳

WETLAND GUARDIAN
DRY WILLOW

旱柳是落叶乔木，高达可达20米。旱柳喜光、耐寒、耐旱，湿地、旱地皆能生长，但以湿润且排水良好的土壤上生长最好。旱柳枝条柔软，树冠丰满，是中国北方常用的庭荫树、行道树。除此之外，旱柳还有药用价值。在古代宁夏人民的传统习俗中柳是"留"的谐音，"折柳"以示"挽留"。

Dry Willow is a deciduous tree and can reach a height of 20 meters. Dry Willow is light-loving, hardy and drought-tolerant. Thus, it can grow in wetlands as well as dry land, however, it grows best on moist and well-drained soil. With soft branches and plump crowns, it is a common shade tree and street tree in Northern China. In addition, Dry Willow also has medicinal value. In the traditional custom of ancient Ningxia people, willow is homophonic to "stay", and "folding willow" means "to retain".

植物月历
PLANT CALENDAR

春	夏	秋	冬
1 2 3	4 5 6	7 8 9	10 11 12

● 植物花期
● 植物果期

植物叶子图片　植物花序图片

GW-DT-010

Salix babylonica
杨柳科·柳属·垂柳

湿地"净化器"
垂柳

WETLAND "PURIFIER"
WEEPING WILLOW

和旱柳不同，垂柳喜湿，常生长在河流或者池塘岸边。其枝条细长，柔软下垂，叶披针形，柔荑花序。垂柳根系发达，生命力强，其木材可以制成家具，枝条可以编篮，树皮可提制栲胶，叶子可作羊饲料。垂柳作为一种常见的绿化树种，可吸收二氧化硫等有毒气体。在古代，有"折柳"赠予即将远行的友人，来表达不舍与祝福的习俗。

Unlike Dry Willow, Weeping Willow enjoys wet environment, so it often grows on the banks of rivers and ponds. Its branches are slender, soft and drooping, with lanceolate leaves and catkin flowers. Weeping Willow has well-developed root system and strong vitality. And its wood can be made into furniture; its branches can be weaved into baskets; its bark can be produced into tannin extract; its leaves can be used as sheep fodder. Weeping Willow, as a common tree species, can absorb toxic gases such as sulfur dioxide. In ancient times, it was a custom that people break off a willow branch and give it to friends who were about to leave for a long journey to express their parting sorrows and good wishes.

植物月历
PLANT CALENDAR

春	夏	秋	冬
1 2 3	4 5 6	7 8 9	10 11 12

● 植物花期
● 植物果期

植物叶子图片　植物花序图片

GW-DT-011

Broussonetia papyrifera
桑科 - 桑属 - 构树

绿化好帮手
构树
GREENING HELPER
PAPER MULBERRY

构树也叫褚树，通常可以长到15米左右，是一种常见的落叶乔木。其叶子较大，表面有糙毛，边缘有锯齿。构树雌雄异株，雄花为葇荑花序，颜似似毛虫；雌花序为球形，果实成熟时为橙红色。构树是农村田野、村落的一些院子里极为常见的一种树木，在我国野生资源非常丰富。此外，构树还因其耐贫瘠且生长迅速的特性，而成为一些荒山绿化、矿区造林的好树种。

The Paper Mulberry, a common deciduous tree, also known as Chu tree, usually grows to about 15 meters high. Its leaves are relatively larger with rough hair in the surface and serrated margin. The Paper Mulberry is dioecious; the male flower is catkin, quite similar to caterpillar; the female inflorescences are globular and the matured fruit is orange red. The Paper Mulberry is one of the most common trees in some rural fields and yards. It is rich in wild resources in China. In addition, the Paper Mulberry has become a good tree species for afforestation in some barren hills and mining areas because it is tolerant of barren soil and fast-growing.

植物月历
PLANT CALENDAR

春	夏	秋	冬
1 2 3 4 5 6 7 8 9 10 11 12

植物叶子图片　植物花序图片

GW-DT-017

Canna indica
美人蕉科 - 美人蕉属 - 美人蕉

花中美人
美人蕉
BEAUTY IN THE FLOWERS
CANNA INDICA

美人蕉又被叫做红艳蕉、小花美人蕉、小芭蕉，为多年生草本植物。其高可达1.5米，全株绿色无毛，被蜡质白粉。美人蕉的花朵硕大，在阳光下，酷热的天气中盛开的美人蕉，散发着强烈的生存意志。美人蕉不仅能美化人们的生活，还能吸收二氧化硫、氯化氢，以及二氧化碳等有毒害物质。

Canna, also called Hongyan Canna, Floret Canna, Small Plantain, is a perennial herb. Its height up to 1.5 meters, and the whole plant is green and glabrous, attached by waxy white powder. Canna flowers are very large. Blooming in the sun, in sweltering hot days, Canna shows a strong will of survival. Canna can not only beautify people's life, but also absorb toxic and harmful substances such as sulfur dioxide, hydrogen chloride, as well as carbon dioxide.

植物月历
PLANT CALENDAR

春	夏	秋	冬
1 2 3 4 5 6 7 8 9 10 11 12

植物叶子图片　植物花序图片

GW-DT-007

Sapium sebifera
大戟科 - 乌桕属 - 乌桕

秋日的风景线
乌桕

AUTUMN SCENERY
CHINESE TALLOW TREE

乌桕，以乌鸦喜食而得名。乌桕俗名木梓（zǐ）树，叶形为植物中较为罕见的菱形，叶片与叶柄相连之处有两个凸起的蜜腺，用来吸引蚂蚁等昆虫，以保护叶片不被其他昆虫取食。秋季叶片转变为红色，为著名的色叶树种。乌桕是蚕蛾等昆虫的寄主植物，其蜡质假种皮也为鸟类提供了冬季的口粮。

Tallow was known as being a food crows like to eat. The Chinese Tallow Tree, with catalpa as its common name and rare diamond shape of leaves, has two raised nectaries in the joint of leaves and stems which attract insects like ants to protect its leaves from being eaten by other insects. Its leaves turn red in autumn, making it a famous colored-leaf tree. The Tallow plant is a host plant for insects such as silkworm moths, and its waxed arilus also provides food for birds in winter.

图片来源于网络

植物果子图片　植物叶子图片

植物月历
PLANT CALENDAR
● 植物开花
● 植物结果

春			夏			秋			冬		
1	2	3	4	5	6	7	8	9	10	11	12

GW-DT-015

Arundo donax
禾本科 - 芦竹属 - 芦竹

乡土宝藏
芦竹

LOCAL TREASURE
GIANT REED

芦竹为多年生草本植物，具有发达的根状茎。其杆粗大直立，高可达3-6米，质地坚韧，具多数节，常生分枝。芦竹到了夏天就开始结穗，开始是短短的一点点，慢慢的在最顶部会结出长长的一根穗子。芦竹全身都是宝，秆可以制管乐器中的簧片；芦竹茎的纤维长，是制作优质纸浆和人造丝的原料；幼嫩枝叶则是牲畜的良好青饲料；根状茎及嫩笋芽可以入药。

Arundo is a perennial herb with a well-developed rhizome. The culms are thick and erect, up to 3-6 meters high, with tough texture and many nodes, often branching. Arundo begins to ear in the summer, from a short and little one in the beginning, slowly to a long spike at the top of it. All parts of the Arundo are valuable: the culms can be used to make reeds in wind instruments; the stem of Arundo, given its long fiber, is the raw material for making high-quality paper pulp and rayon; young branches and leaves are good forage for livestock; rhizome and tender shoots can be used as medicine.

植物叶子图片　植物花序图片

植物月历
PLANT CALENDAR
● 植物开花
● 植物结果

春			夏			秋			冬		
1	2	3	4	5	6	7	8	9	10	11	12

GW-DT-008

Melia azedarach
楝科 –楝属 –楝

"危险"的中药材
楝

"DANGEROUS" CHINESE HERB
CHINABERRY

楝，俗称苦楝，落叶乔木。楝在4-5月开淡紫色的小花，10月-12月结果。楝的果实像小枣，成熟后是金黄色的，整个冬天都不会落，味道极苦而且还有毒，虽然是中药材，但误食或过量使用苦楝作为药剂都可能中毒甚至危及生命。苦楝的果实却是灰喜鹊、灰椋鸟、白头鹎(bēi)等许多鸟类冬季的食物。

Chinaberry, commonly known as Bitter Chinaberry, belongs to deciduous trees. Chinaberry blossoms small pale purple flowers from April to May and bears fruit from October to December. Chinaberry's fruit looks like jujube; it is golden yellow after being mature; it is not going to fall for the whole winter; the taste is extremely bitter and toxic; although it is a Chinese medicine, it may be poisonous and even life-threatening if used mistakenly or excessively. However, its fruit is food for many birds in winter, such as grey magpies, grey starlings and light-vented bulbul.

植物月历
PLANT CALENDAR
● 植物花期
● 植物果期

春			夏			秋			冬		
1	2	3	4	5	6	7	8	9	10	11	12

植物叶子、花图片

植物果子图片

GW-DT-016

Thalia dealbata
竹芋科 - 再力花属 - 再力花

来自远方的花
再力花

FLOWERS FROM AFAR
THALIA DEALBATA

再力花属于多年生挺水植物，花期长达4个月，它的叶子是卵状披针形，颜色为浅灰蓝色叶子边缘为紫色有着紫气东来之意，它的花瓣非常小，在茎的端点能够衍生出来，就像系在钓竿上的鱼饵，形状非常特殊。再力花外形特别，很好辨认，但并不是中国的原生物种，而是由美国和墨西哥引进来的植物。

Thalia Dealbata belongs to the perennial emerged plant, the flowering period of which is up to 4 months. And its leaves are ovate-shaped lanceolate; the color is light grayish blue; the edge of leaves is purple, bearing the meaning that the purple air comes from the east — a propitious omen. The flower's petals are very small and specially shaped given that they can grow out at the end of the stem, like bait attached to a fishing rod. Thalia Dealbata is distinctive and recognizable, however, it is not native to China, instead, it is an American plant introduced from the United States and Mexico.

植物月历
PLANT CALENDAR
● 植物花期
● 植物果期

春			夏			秋			冬		
1	2	3	4	5	6	7	8	9	10	11	12

植物叶子图片

植物花序图片

GW-DT-009

Ailanthus altissima
苦木科 - 臭椿属 - 臭椿

百树之王
臭椿

THE KING OF TREES
TREE OF HEAVEN

臭椿原名樗（chū），又名椿树和木砻（lóng）树。椿树分香椿和臭椿，臭椿因叶基部腺点发散臭味而得名，由于鸟兽虫子都不侵，因此，臭椿又被称为"百树之王"。臭椿木材可制作农具车辆，叶可饲椿蚕（天蚕），根、茎、叶、皮和果实均可入药。

Tree of Heaven was originally known as Chu (Chū), also known as Chun Shu and Mu Lung (Long). Chinese Toon Tree is divided into Chinese Toon and Chinese stinky toon. (Tree of Heaven) The Chinese stinky toon gets its name because the plant releases a strong, offensive smell, at the base of the leaves. It was not invaded by birds, beasts and insects, therefore, Chinese stinky toon is called "the king of all trees". Its wood can be made as farm tools and vehicles, its leaves can be used to feed silkworm, its roots, stems, leaves, skins and fruits can be used as medicine.

植物叶子图片　植物花序图片

植物月历
PLANT CALENDAR
● 植物花期
● 植物果期
春　夏　秋　冬
1 2 3 4 5 6 7 8 9 10 11 12

GW-DT-020

Toona sinensis
楝科 - 香椿属 - 香椿

农家美食
香椿

PEASANT FAMILY FOOD
CHINESE TOOM

香椿，俗称香椿芽、香桩头、大红椿树、椿天等，在安徽地区也有叫春苗。香椿为落叶乔木，雌雄异株，椭圆形的叶片对称排列，呈羽状，圆锥花序，花白色，果实是椭圆形蒴果，翅状种子，靠风传播，落地可繁殖。中国人食用香椿久已成习，汉代就遍布大江南北，在管湾国家湿地公园你也可以吃上一口农家炒香椿。

Chinese Toon, commonly known as Chinese Toon Sprouts, Fragrant Pile, Big Red Toon Tree, Toon Day, as well as Spring Seedling in Anhui area. Chinese Toon is deciduous tree and dioecious plant. Its elliptic leaves are arranged symmetrically and pinnately, the flower is white, in panicle, the fruit is elliptic capsule, winglike seed relies on wind to spread, and reproduces when it falls on the ground. Chinese people have been eating it for a long history, and since the Han Dynasty, it has been popular over China. Of course, here at Guanwan National Wetland Park, you can also get a bite of the stir-fried Chinese Toon.

植物果子图片　植物叶子图片

植物月历
PLANT CALENDAR
● 植物花期
● 植物果期
春　夏　秋　冬
1 2 3 4 5 6 7 8 9 10 11 12

GW-DT-021

游览线路
— 主要游览路线/Main tour line
— 园路/Path
— 夜光跑道/Luminous Runway
— 健步游道/Fitness Road
— 生态游道/Ecotourism Road
— 芦苇游道/Reed Tour Road

公共设施
⋔ 游客服务中心/Visitor Service Center
P 停车场/Parking
⊠ 驿站/Post station
🚻 卫生间/Toilet
🔬 科普营教地/Science Mission Station
🏛 科普馆/Science Museum

景点设施
🏠 观鸟屋/Birding-Watching House
⚐ 观景平台/Observation Deck
🌡 气象观测站/Meteorological station

推荐游线
锦绣大道/JFairview Avenue
花田大道/Flower Field Avenue

入口1
入口2
入口3

N

温地雪景
江淮花海—油菜花
芦苇景观
夜光跑道
大明胜胜

附录

附录三：课程教案详细设计

湿地精灵

1 鹭鸟世家的秘密

授课对象
小学三至六年级
课程时长
120分钟
适宜据点
观鸟屋
适宜季节
冬
扩展人群
初中、高中、亲子家庭
授课师生比
1∶5至10
准备教具
望远镜、湿地鸟类图鉴、鹭鸟观察记录表、彩色铅笔等
课程类型
自然观察课

课程目标

1. 能够识别3种以上管湾国家湿地公园里中的鹭鸟。
2. 掌握观察鹭鸟的基本方法。
3. 初步了解鹭鸟与湿地的关系。

环境教育目标

1. 说出身边自然环境的差异和变化，列举各种生命形态的物质和能量需求及其对生存环境的适应方式。
2. 运用各种感官感知环境，学会思考、倾听、讨论；评价、组织和解释信息，简单描述各环境要素之间的相互作用。
3. 欣赏自然的美，尊重生物生存的权利。

与《义务教育课标》的联系

小学科学

1. 认识周边常见的动物并能简单描述其外部主要特征。
2. 初步了解动物体的主要组成部分，能根据有关特征对生物进行简单分类，描述某一类动物的共同特征。

课程大纲

1.1 进行开场介绍，告知学生此次课程安排。

1.2 热身游戏：大家来找茬。

游戏规则：教师准备几组鹭鸟图片：大白鹭与中白鹭；小白鹭和牛背鹭（非繁殖期）；池鹭（非繁殖期）和夜鹭（非繁殖期）；牛背鹭（非繁殖期）与牛背鹭（繁殖期）；池鹭（非繁殖期）与池鹭（繁殖期）；夜鹭（非繁殖期）与夜鹭（繁殖期）。依次向学生展示这些图片，请大家比赛看看谁能快速、准确地说出它们的区别。

辅助材料

6种鹭鸟卡片，兼顾繁殖期和非繁殖期、雌鸟和雄鸟。

2.1 游戏结束后，通过提问的方式引导学生观察每种鹭鸟的卡片，并对每种鹭鸟特征进行一句话总结，汇总成鹭鸟识别要点（逐条）。

2.2 请学生尝试寻找和归纳6种鹭鸟的共同特征，如腿长、脖子长、脚长，身体圆滑呈纺锤形等，帮助学生从整体上认识鹭鸟。将该知识点补充记录在鹭鸟识别要点卡片上。

2.3 教师带领学生一起复述每种鹭鸟的特征，根据情况，对每句话进行简单的修改，请学生回答是或者不是。

3.1 教师带领学生来到户外，将学生分组，并将打印好的鹭鸟识别要点卡片发给每个小组。

3.2 教师介绍双筒望远镜的使用方法和注意事项。

3.3 学生分组观察鹭鸟。请学生对照鹭鸟识别要点卡片进行鹭鸟户外观察的打卡，每观察到一个相关现象，可以加1分，如果观察到卡片以外的现象，可以记录下来，请老师或同学打分（2～5分钟）。

3.4 教师引导学生从整体上对鹭鸟的种类、形态、活动行为、栖息地等进行观察，并思考鹭鸟和湿地的关系。

3.5 每组通过抽签的方式，选择一种鹭鸟作为特别观察对象，并从衣食住行等角度对其进行记录，以便为接下来的情景剧创作做准备。

辅助材料

（1）双筒望远镜若干。

（2）鹭鸟观察要点记录卡片与鹭鸟观察记录表。

3.6 教师准备6种鹭鸟（大白鹭、中白鹭、小白鹭、牛背鹭、池鹭、夜鹭）的详细资料（包括外形特征、生活习性、繁殖筑巢等相关内容），资料形式多样，既有图文，也有音频、视频等。同时还可以适当地补充一些文学作品，如诗歌、散文等资料。

3.7 请每组将自己的鹭鸟作为主角，自编自导自演一段3分钟左右的情景剧。

3.8 创作要求：

（1）道具制作：根据提供的材料，自制表演道具，以体现不同角色（尤其是主角）的身份。

（2）剧本创作：要有比较清晰的角色定位、主题以及故事线，并符合该鹭鸟的特征，建议从主角鹭鸟的捕食、爱情、繁育等角度展开。

（3）完成剧本创作，分组排练剧目。

（4）根据时间和人数等情况，可以请不参与表演的同学为该情景剧创作一张宣传海报（灵活处理）。

3.9 备选活动方案：模拟鹭鸟的三种行为，请大家猜这是什么鸟。

3 实践
第二部分

地点：观鸟屋旁

时间：40分钟

辅助材料

（1）6种鹭鸟的基本资料包和相关文学作品资料。

（2）空白卡片或白纸。

（3）彩色笔。

（4）用于学生道具制作的其他环保材料。

4.1 各组完成创作后，将宣传海报分别张贴在展板上，并准备情景剧目的表演。

4.2 邀请公园的游客或家长作为评委，给每位评委发放五片星星贴纸和五片鲜花贴纸，请评委们为自己最喜欢的情景剧投票。投票形式有两种，一种是观察海报，将星星贴纸贴在自己最想看的一部情景剧的海报上；另一种是观看每组学生的表演，为喜欢的情景剧演员们赠送鲜花贴纸。

4.3 教师和学生一起对本次活动进行总结。

4 总结
与评估

地点：自然教室旁

时间：20分钟

辅助材料

（1）展板。

（2）星星与鲜花贴纸（也可以用其他贴纸替代）。

5.1 请学生将各种鹭鸟角色融合在一起，创作一个新的故事。

5.2 请学生为湿地公园的鹭鸟创作一首诗。

5.3 课后活动："你来比画我来猜"。

5 拓展

地点：自然教室

时间：5～10分钟

游戏规则： 教师和学生说明接下来大家会一起玩一个游戏"你来比划我来猜"，但是没有游戏卡片，需要大家帮忙制作。卡片制作规则是请学生将老师提供的鹭鸟资料分类，并将资料整理出3～5张关于该种鹭鸟典型特征的描述卡片（可图可文），但是不提供该鹭鸟的名称。各组完成卡片制作后，教师将卡片收回，并将其打乱。大家一起来玩"你来比划我来猜"的游戏，比一比谁猜得又快又准。

户外观鸟

观察鸟类繁殖羽

情景剧

湿地精灵

2 迁徙的鸟

授课对象

小学五至六年级

课程时长

90分钟

适宜据点

自然教室

适宜季节

夏、冬

扩展人群

小学1至2年级

授课师生比

1：20至1：25

准备教具

故事中涉及到的各种线索以及现场布置所需材料

课程类型

动手实践课

课程目标

1. 能够识别3种以上管湾湿地公园中的游禽。

2. 了解罗纹鸭的外形特征和迁徙习性。

3. 了解候鸟在迁徙过程中可能遇到的威胁。

涉及《指南》中的环境教育目标

1. 列举各种生命形态的物质和能量需求及其对生存环境的适应方式。

2. 运用各种感官感知环境，学会思考、倾听、讨论；评价、组织和解释信息，简单描述各环境要素之间的相互作用。

3. 欣赏自然的美，尊重生物生存的权利。

与《义务教育课标》的联系

小学科学

1. 认识周边常见的动物并能简单描述其外部主要特征。

2. 初步了解物体的主要组成部分，能根据有关特征对生物进行简单分类。

课程大纲

1.1 进行开场介绍，告知学生此次课程安排。

1.2 热身游戏："展翅飞翔"。

游戏规则：教师将学生们进行分组，前往游戏场地。

（1）前往场地，请学生们分散展开（排成一排、围成一圈或者随意），保持一只臂展以上的距离，用双臂当做翅膀，学习鸟拍打"翅膀"30秒，结束后请大家分享各自的感受。

（2）请学生让"翅膀"保持静止30秒，同时温柔地从一边晃动到另一边（像一只鹰一样），结束后请大家分享各自的感受。

（3）询问学生哪种飞行方式更轻松一些，如果让他们采用一种飞行方式回家，他们会选择哪一种。

1 导入

地点：户外开阔地

时间：5～10分钟

2.1 侦探故事："小黄鸭丢了"。

故事详情：教师为学生假设这样一种情景：管湾湿地公园里的吉祥物小黄鸭丢了，公园管理员特别着急，想把它找回来，但是不知道是被谁拿走的。带走小黄鸭的访客/嫌疑犯只留下一封信（教师可以拿出那封信），虽然笔迹有些被水晕染，但是大概还可以看出是一种有"蹼足"的鸟类所为。公园管理员已经将公园所有角落都翻遍，但是没有发现嫌疑犯的身影，初步判断该鸟已经携小黄鸭潜逃。公园里的白鹭探长最近出差了，所以请大家来代替白鹭探长，帮助公园破案，找到小黄鸭。

2.2 教师请学生围成一圈（可根据人数决定是否分组），讨论怎么破案？教师尽量引导，把思考与探索的部分交给学生。

线索展示：

线索1：信件的蹼足笔迹。教师可以引导学生寻找可能的嫌疑犯：具有蹼足的鸟类一般生活在水边，以雁、鸭、天鹅、鸊鷉等游禽为主。学生可以顺着这个线索，去了解公园内有哪些游禽，进行调研；教师为学生提供每种游禽的基本信息卡片。但是需学生完成相应任务后，才可以换取。

线索2：事件发生的时间，刚好发生在冬候鸟北飞前后。

线索3：最后一次小黄鸭出现的场地为生态鸟岛。可在场地上留下羽毛和脚印，请学生去现场调研取证。

线索4：寻找现场目击证人。请工作人员或者学生扮演生活在水边的鸟类，协作完成该故事。学生可以采访他们，从他们那里获取线索。

可根据实际情况做准备。

2.3 学生根据提供的线索，将此案破解。

2.4 最后将嫌疑人锁定为公园的罗纹鸭。但是据公园管理员提供的监控信息，罗纹鸭已经于三日前飞往北方。接下来需要你协助警察追踪嫌犯，并将

2 建构

地点：生态鸟岛

时间：10～15分钟

其逮捕归案。

辅助材料

侦探故事中涉及的各种线索以及现场布置所需材料。

3.1 体验游戏："罗纹鸭大追踪"。教师介绍罗纹鸭的目的地在遥远的西伯利亚，我们必须从罗纹鸭的视角，沿着罗纹鸭的迁徙路线行走，尽量模仿罗纹鸭迁徙途中可能遇到的真实情境。

3.2 场地准备：根据人数来定，场地一边设置为管湾国家湿地公园，另一边为西伯利亚。

3.3 教师介绍游戏规则，确保活动可以顺利开展。

游戏规则：

（1）选择移动对象（如戴帽子的同学、穿运动鞋的同学、戴手表的同学、穿红色衣服的同学……）。

（2）选择一种情境，对应前进或者倒退。如拥有充足的食物、充足的水、好天气……则前进一步；遇到暴风雨、停留点被破坏、喝到工厂污水、缺乏经验……则后退一步；遇到以下情况，则提前结束迁徙，请学生就地坐下：如撞到电线杆、撞到玻璃、被猫吃了。

（3）当有50%左右的同学还站着，并且大多数同学都能意识到鸟类迁徙有多困难的时候，可以结束游戏，宣布到达西伯利亚（不是所有人都会成功到达目的地）。

3.4 教师在终点安排2个角色代表罗纹鸭夫妇，同学们将作案的罗纹鸭夫妇抓获，并对其进行审讯。罗纹鸭夫妇在铁证面前，不得不承认自己的犯罪事实。他们之所以拐走小黄鸭是因为自己的孩子误吃了人类随意丢弃的塑料垃圾，导致胃部被塑料填满，最终饥饿而死。罗纹鸭夫妇心里难以平息丧子之痛，因此才带走了小黄鸭，把自己对孩子的爱全部寄托在了小黄鸭身上，小黄鸭现在安然无恙，过着衣食无忧的日子。

3.5 听完故事后，请同学们决定是逮捕罗纹鸭夫妇还是把它们留在西伯利亚。

辅助材料

小黄鸭和罗纹鸭夫妇角色道具

4.1 活动结束后，请学生们围坐一起，结合以下问题，回顾本次迁徙之路。

（1）罗纹鸭在迁徙过程中可能遇到哪些不好的事情？

（2）罗纹鸭在迁徙过程中可能遇到哪些好的事情？

（3）我们可以做些什么让罗纹鸭能够更加顺利地迁徙？

（4）除了罗纹鸭外，公园还有哪些鸟类也会迁徙？哪些鸟类是公园的常住居民？

（5）除了鸟类外，你还知道有哪些动物也会迁徙吗？（斑马、非洲象、斑蝶、鲸鱼、驯鹿、海龟、藏羚羊……

3 实践

地点：生态鸟岛
时间：20～30分钟

4 总结
与评估

地点：生态鸟岛
时间：5分钟

（6）你怎么看小罗纹鸭的遭遇。除了塑料外，人类还有哪些行为会导致鸟类的死亡？

4.2 教师和学生一起，对活动中大家的表现给予适当的评价。

5.1 请学生根据教师给定的材料（不同羽毛和其他可再次利用的环保材料），设计探究实验"会飞的羽毛"，模拟鸟类的飞行。

5.2 公园除了罗纹鸭外，还有一些候鸟也会长途迁徙。教师将它们迁徙的目的地发放给学生，请学生绘制其他候鸟迁徙路线图。

5.3 课后活动："合肥地区迁徙鸟类调查"。

活动策划： 通过本次课程的学习，学生们都了解了全球8条鸟类迁徙路线，其中有3条经过中国，分别是：东非西亚、中亚和东亚—澳大利西亚迁徙路线。教师告知合肥地区有哪些地方会有迁徙鸟类的踪迹，学生们可以根据在管湾自然教室学习到的调查方法，了解合肥地区的迁徙鸟类，也可以自发进行自然观察活动。

5.4 教师引导学生思考，管湾湿地作为鸟类迁徙的中转站，其湿地生态系统的重要性以及保护鸟类对湿地本身的意义。

5 拓展
地点： 生态鸟岛
时间： 5～10分钟

湿地精灵

3 鸟与湿地

授课对象	
小学五至六年级	

课程时长

120分钟

适宜据点

生态鸟岛

适宜季节

春

扩展人群

小学3至4年级、初中

授课师生比

1：20至1：25

准备教具

飞羽样本，湿地候鸟拼图，湿地鸟类图鉴，野鸭典型特征的图片、音频、视频及彩色铅笔

课程类型

动手实践课

课程目标

1. 了解鸟的基本特征。
2. 能够认识三种以上的鸟类，了解管湾国家湿地公园常见的鸟类有哪些。
3. 能够简单说明鸟类和湿地的关系。

涉及《指南》中的环境教育目标

1. 说出身边自然环境的差异和变化，列举各种生命形态的物质和能量需求及其对生存环境的适应方式。
2. 运用各种感官感知环境，学会思考、倾听、讨论；评价、组织和解释信息，简单描述各环境要素之间的相互作用。
3. 欣赏自然的美，尊重生物生存的权利。

与《义务教育课标》的联系

小学科学

1. 认识周边常见的动物并能简单描述其外部主要特征。
2. 识别常见的动物类别，描述某一类动物的共同特征。
3. 举例说出动物在气候、食物、空气和水源等环境变化时的行为。

课程大纲

1.1 进行开场介绍，告知学生此次课程安排。

1.2 热身游戏："TRUE" or "FALSE"。

活动策划：选择一处比较大的空间，在地上画出一条线，一边代表
"TRUE"，另一边代表"FALSE"，邀请学生根据教师的陈述是对还
是错，分别选择"TRUE" 或者 "FALSE"。鼓励学生讨论它们为什
么选择其中一边，允许学生根据讨论内容修改自己的观点。教师在每次
讨论结束后要给出正确答案，最好给出具体的例子。

1 导入

地点：自然教室

时间：10~15分钟

辅助材料

可选择的题目：

（1）鸟类是地球上唯一活着的有羽毛的生物。【T】

（2）所有鸟都会飞。【F，如企鹅】

（3）所有鸟都有两只翅膀。【T】

（4）鸟类会换掉它们的旧羽毛。【T】

（5）所有鸟为了保证飞行，都生长有又硬又重的骨头。【F】

（6）鸟类的视力很差。【F】

（7）所有鸟都会生蛋。【T】

（8）所有鸟都吃虫子。【F】

（9）鸟类的心跳比人类慢得多。【F】

（10）所有鸟都会唱歌。【F】

（11）所有鸟都会迁徙。【F】

（12）鸟类是脊椎动物。【T】

（13）鸟类是恒温动物。【T】

（14）有些雄鸟和雌鸟的样子看起来不一样。【T】

（15）鸟是由恐龙进化而来的。【T】

2.1 通过"宾果游戏"认识常见的鸟类。

游戏规则：教师将学生分组，发放游戏物料。

（1）教师准备一些常见鸟类的剪影卡片，如鸭类、鹭鸟、猫头鹰、老鹰、
啄木鸟、雀鸟、企鹅、鹦鹉、蜂鸟共9种，将其发放给学生；

（2）请学生将卡片拼成3×3的九宫格。

（3）教师提问：请选出其中的鸭子、猫头鹰、啄木鸟、鹭鸟、企鹅、鹦
鹉等。学生随即将相应的鸟类翻面，依此类推。最先连成一条线的
同学喊"BINGO"，可赢得一颗星星贴在身上。

（4）每选出一种鸟类，请学生说出该鸟的特征（教师可以从体型大小、
鸟喙形状、足部的形状等角度引导学生），并将其记录在卡片背后
（列举法）。

2 建构

地点：自然教室

时间：45~50分钟

（5）教师可以根据情况将提问内容变成具有什么特征是哪种鸟？或者管湾湿地公园中可能出现的鸟类有哪些？

2.2 教师为学生展示管湾湿地公园常见的鸟类图片，并与学生一起讨论可以从哪些角度对鸟类外形进行观察和识别，如鸟的体型大小、羽毛颜色、鸟喙形状、脚的形状、腿长等。

2 建构

地点：自然教室

时间：45～50分钟

2.3 教师为学生展示不同的鸟喙形态，请学生将其与对应食物和鸟类连线。

2.4 教师为学生展示不同类型的鸟足形状，请学生将其与对应鸟类连线，并讨论不同鸟足可能与哪种环境相适应。

2.5 拓展活动：模仿游戏。

游戏规则：在解释鸟喙和食物、鸟足和环境的对应关系时，请学生利用身边的材料（包括自己的身体），模仿鸟类的喙（嘴巴）啄食和脚掌站立的样子。

2.6 教师引导学生讨论湿地环境为哪些鸟类提供了怎样的生存条件（可以从食物、水、空间和遮蔽物等角度来讨论）。

2.7 教师与学生讨论鹭鸟和鸭子对环境的要求有何不同。

2.8 教师与学生讨论如果湿地环境改变，将会对鹭鸟和鸭类的生活带来什么影响。

辅助材料

（1）常见鸟类剪影卡片若干份（根据学生人数来定）。

（2）不同形状鸟喙和鸟足的展示海报。

（3）连线卡片：鸟喙、鸟足、鸟类、食物。

3 实践

地点：生态鸟岛

时间：25～30分钟

3.1 带领学生走出户外，请学生在场地内分散开来，选择一处区域静静地观察，记录（图文）观察到的可能与鸟类以及鸟类生存相关的任何东西。

3.2 标记出遇到的鸟类和可以作为鸟类的食物、水、空间和隐蔽所等的事物与地点。

辅助材料

（1）公园地图

（2）白纸和彩铅

4 分享
与讨论

地点：生态鸟岛

时间：30～35分钟

4.1 让学生在规定的时间内返回，分享和讨论每个人的观察笔记。教师可以通过以下问题组织学生讨论：

（1）这个地方可以为鸟类提供什么样的食物、水与栖息环境？

（2）你观察到有哪些鸟在这里生活？或者你觉得这样的条件可以为哪些鸟类提供生存的空间？

（3）我们可以做什么让这里更适合鸟类生活？

（4）鸟类对空间的利用方式相同吗？所有的鸟都喜欢生活在同一空间吗？如鹭鸟常在水边消落带捕食，但是多在树上休息和筑巢，而鸭类常在水面上活动，多将巢筑在岸边的草丛、芦苇丛或者水上。

4.2 将所有学生的观察记录汇总在一起，绘制成生态鸟岛地图并与改进建议
一起交给公园。

5.1 使用家中一些废弃材料，如塑料、旧纽扣、金属零件、玩具、自然材料
等，根据绘制的地图，制作一个生境模型，或者选择其他感兴趣的生境，
进行模型的制作。

5.2 课后游戏："鸟的故事"

游戏规则：通过本次课程的学习，深化学生们对鸟的情感，推荐游戏
"Bird Story鸟的故事"。这个故事讲述了一个小孩与鸟的相遇、养育
和离别。游戏中学生们为了保护小鸟将与大人"搏斗"，还为小鸟创
造了乌托邦般的世界，既可以引发学生们的想象，也可以激发对环境
的思考。

5.3 教师引导学生思考，不同鸟类的适应性特征与生境之间的重要性，感悟
和理解生命的意义。

5 拓展
地点：家
时间：5～10分钟

湿地精灵

④ 昆虫的前半生

授课对象	小学三至四年级
课程时长	90分钟
适宜据点	萤火虫港湾
适宜季节	夏
扩展人群	小学1至6年级、初中
授课师生比	1∶10至1∶15
准备教具	昆虫模型、蜘蛛模型、耳塞、鼻塞、口罩、蝉蜕、蝗虫若虫与成虫模型对比图、变态发育模式图、自然笔记、手电筒、铅笔
课程类型	动手实践课

课程目标

1. 能够识别3~5种昆虫。

2. 能够举例说明昆虫在生物学上的分类特征。

3. 结合昆虫的发育过程，认识到特殊的发育过程可以帮助昆虫种群减少竞争，扩大在地球上生存的能力。

涉及《指南》中的环境教育目标

1. 说出身边自然环境的差异和变化，列举各种生命形态的物质和能量需求及其对生存环境的适应方式。

2. 运用各种感官感知环境，学会思考、倾听、讨论；评价、组织和解释信息，简单描述各环境要素之间的相互作用。

3. 欣赏自然的美，尊重生物生存的权利。

与《义务教育课标》的联系

小学科学

1. 认识周边常见的动物并能简单描述其外部主要特征。

2. 识别常见的动物类别，描述某一类动物的共同特征。

3. 举例说出动物适应季节变化的方式；说出这些变化对维持动物生存的作用。

课程大纲

1.1 进行开场介绍，告知学生此次课程安排。

1.2 教师可以提问大家有没有在校园里观察过昆虫，以此切入，展示3～5种常见的昆虫标本，如：蝴蝶、天牛、甲虫等。引出课程主题，让学生简单观察它们的形态特征。

1.3 将学生进行分组，发放活动物料。

1.4 备选热身游戏："猜猜我是谁"

游戏规则：教师准备几张生活中常见的昆虫图片，如天牛、花蝴蝶、金龟子等。将图片背对着同学们，请同学们轮流提问并猜想图片上是哪一种昆虫。提的问题需要是描述性的，例如：它拥有硬硬的甲壳吗？它是一种色泽鲜艳的昆虫吗？教师只能回答"是""不是""也许吧（表示教师也不太清楚）"。同学们猜到答案后，教师公布图片。

1 导入

地点：自然教室

时间：5～10分钟

2.1 教师设置话题讨论，究竟我们是怎么规定昆虫这个族群的，蜘蛛属于昆虫吗？请学生们展开讨论。

2.2 教师讲解蜘蛛属于节肢动物门下螯肢亚门蛛形纲：昆虫一般有三对步足，而蜘蛛有八条腿（四对步足），且蜘蛛身体结构只有两部分。所以蜘蛛不属于昆虫。

2.3 学生可能会提出以下问题：昆虫的身体结构一般是怎样构成的？昆虫也属于节肢动物门下吗？昆虫除了三对足外，还有没有一些共有的特征？结合导入的内容，教师进行科学性的解答：

（1）昆虫属于节肢动物，且节肢动物中只有昆虫纲动物可以被称为昆虫。

（2）身体明显分为头、胸、腹三部分，每部分都由若干环节组成。

（3）昆虫的头上长着一对分节的触角、有触觉和嗅觉作用、用来探路、寻食、辨别方向和求偶。

**2 建构
第一部分**

地点：自然教室

时间：10～15分钟

辅助材料

（1）PPT课件

（2）3～5种常见的昆虫标本

2.4 教师提问：蜘蛛在生长过程中不经历形态变化，这也是蜘蛛不是昆虫的一个重要原因，因为所有的昆虫都有着不同寻常的发育过程，称为变态发育。其中变态发育又分为三大类型：完全变态发育、不完全变态发育和无变态发育。

2.5 课程活动：蝉的一生

2 建构
第二部分

地点：萤火虫港湾

时间：25～30分钟

活动策划：教师挑选几名学生扮演蝉的不同生命阶段：分别是幼虫、羽化过程中的幼虫、蛹和成虫。

（1）幼虫时期的蝉宝宝拿着铲子在挖掘地面，想要钻到下面去，这时的它用尽全力只是为了在地底好好地睡上一觉，养足精神，为进化做准备；

（2）羽化前，教师引导扮演者爬树（专业老师以保证学生安全），让学生牢牢环抱住树干，头向外作羽化状，接着将学生安全护送到地面；

（3）扮演蝉蜕的学生在身上贴一个"空"字，代表自己已经没有生命迹象了，羽化后的蝉已经飞走了；

（4）成虫扮演者拿着吸管对着树干吸食，像是在享受树干里可口的食物。

（5）活动结束后教师进行总体性的回顾和讲解，阐述蝉是完全变态发育的昆虫，而这类昆虫的发育过程分为卵—幼虫—蛹—成虫；不完全变态发育的昆虫，其发育过程则分为受精卵—若虫—成虫。羽化作为昆虫发育变态成虫的最后过程，起到至关重要的作用。

2.6 在掌握昆虫基本的形态特征和发育过程之后，思考为什么世界上有那么多数量的昆虫，昆虫特殊小巧的形态特征和变态发育过程对它们的种群来说有何意义？

3.1 夏季是非常适合自然观察的季节，凉爽的仲夏夜，许多夜行性昆虫在夜空下繁殖、蜕变。

3.2 教师带领学生来到萤火虫港湾，观察发现水面上水龟在欢乐地游动，树上偶尔还有耀武扬威的甲虫夜间出来寻找美食。偶尔听到几声唧——唧——的叫声，循声过去，蜕完壳的蝉在抖擞着歌喉。深入探索还能发现天牛、锹甲、金龟子在吸食树汁。螳螂在"祈祷"猎物的到来。

3 实践

地点：萤火虫港湾

时间：20～30分钟

3.3 学生分组完成任务

任务：常见昆虫记录表

请学生分组寻找常见的昆虫，观察其形态特征，完成记录。

3.4 组内成员之间互相交流各自的记录成果，将所有信息拼贴或绘制在一张海报上，海报内容需包括：

（1）准确描绘所选昆虫的生态位；

（2）形象地描绘出昆虫头、胸、腹的特征；

（3）至少描绘一种昆虫与其他生物（如鸟、鱼、植物等）的关系。

辅助材料

（1）管湾国家湿地公园昆虫观察记录表

（2）彩笔与白纸

4.1 请学生分组分享并简单介绍自己的海报内容。

4.2 请学生分享自己此行的收获。

4.3 教师对学生在课程中的表现进行总结、评价。

4.4 返回学校后，试着和学校里的同学分享活动的经历和感受。

4 总结与评估

地点：萤火虫港湾

时间：5分钟

5.1 教师介绍法国著名昆虫学家法布尔，简述其生平经历并推荐学生阅读《昆虫记》等生物学名著。

5.2 针对昆虫形态特征的问题，可进行深入拓展

湿地活动：帮助昆虫找五官

活动策划：教师可以提问：如果人类没有耳口鼻，会损失听觉、味觉和嗅觉，思考昆虫与人类相比没有哪些器官，缺少的感觉是怎么获得的？是有还是没有呢？昆虫是否和人类等哺乳动物一样有五官，如果有，请学员找出对应的是昆虫的哪些器官，如果没有，猜想昆虫如何感知周围环境并作出行动的。在观察完成后，教师讲解：昆虫没有耳朵，却能感知声音：一般是通过触须或鼓膜传导给感觉细胞。昆虫没有嗅觉，但是昆虫的腹部或胸部有气孔可以进行呼吸。昆虫有味觉，其触角可以辨识味道，选择方向，且蜜蜂等昆虫可以辨别颜色。

5 拓展

地点：自然教室

时间：5~10分钟

5.3 知识拓展：变态过程帮助昆虫在一个生态系统中实现最大化资源利用，变态意味着同一物种的幼虫和成虫不会竞争同一资源，可以分享统一生态位且不阻碍其发展。

湿地精灵

5 桑叶鱼儿一线牵

授课对象	高中十至十二年级
课程时长	90分钟
适宜据点	萤火虫港湾
适宜季节	夏
扩展人群	初中
授课师生比	1：10至1：15
准备教具	鱼的照片或模型、有颌鱼头牌、无颌鱼头牌、虾米头牌、秒表、小铲子、《桑基鱼塘调研报告》、铅笔
课程类型	合作讨论课

课程目标

1. 能够认识管湾湿地里常见的3~5种鱼类。

2. 能够理解水产养殖对管湾湿地的重要性。

3. 结合桑基鱼塘的内容，认识食物链在生态系统中的物质流动与能量循环。

涉及《指南》中的环境教育目标

1. 列举各种生命形态的物质和能量需求及其对生存环境的适应方式。

2. 运用各种感官感知环境，学会思考、倾听、讨论；评价、组织和解释信息，简单描述各环境要素之间的相互作用。

3. 欣赏自然的美，尊重生物生存的权利。

与《义务教育课标》的联系

高中生物

1. 不同种群的生物在长期适应环境和彼此相互适应的过程中形成动态的生物群落。

2. 生物群落与非生物的环境因素相互作用形成多样化的生态系统，完成物质循环、生理特征和分布特点。

3. 认同有利于环境保护的生产模式。

高中地理

1. 结合实例，阐述自然资源的数量、质量、空间分布与人类活动的关系。

2. 结合实例，阐述农业的区位因素。

课程大纲

1.1 进行开场介绍，告知学生此次课程安排。

1.2 教师询问学生是否有养鱼的经历。如果有，邀请学生分享。如果没有，则让学生进行简单的猜想。

1.3 借由养鱼的经历，引出管湾湿地里的淡水鱼养殖，强调其是人类利用湿地的一种重要方式。

1.4 将学生分组，发放活动物料。

1.5 询问学生是否能够理解生物与非生物环境、生物与生物之间的联系。

1.6 破冰游戏：大鱼吃小鱼

游戏规则：在鱼类的进化史中，最开始出现的鱼是没有上下颌的鱼类。教师将几名学员设定成长出颌骨的鱼，而其他的学员是没有上下颌的鱼类和虾米，在游戏中无颌鱼可以吃虾米，有颌鱼可以吃无颌鱼，计时5分钟，学员们进行捕捉，最后存活在场上的学员获胜。

1.7 教师引导学生一起讨论食物链的概念、关系以及食物链存在的意义。

1.8 启发学生思考，如何转化食物链中的关系，让食物链可以成为一个闭环。

辅助材料

（1）有颌鱼类标牌和无颌鱼类标牌。

（2）秒表。

2.1 教师引入食物链的概念：食物链也称"营养链"。生态系统中各种生物为维持其本身的生命活动，必须以其他生物为食物的这种由食物联结起来的链锁关系。鱼在水体里的食物链为大鱼吃小鱼，小鱼吃虾米。在自然环境中，一个复杂的食物网不仅是使生态系统保持稳定的重要条件，还起到能量流动和生物之间物质循环的作用。

2.2 教师引入桑基鱼塘的概念，讲解桑基鱼塘的运作原理。桑基鱼塘是在池埂上或池塘附近种植桑树，以桑叶养蚕，以蚕沙、蚕蛹等作鱼饵料，以塘泥作为桑树肥料，形成池埂种桑、桑叶养蚕、蚕蛹喂鱼、塘泥肥桑的生产结构或生产链条，互相利用，互相促进，达到鱼蚕兼取的效果。

2.4 教师发放桑基鱼塘食物链图，根据之前教师的讲解，学生需要自主完成食物链的连线，并思考桑基鱼塘这种生产经营模式在实际生产中的可行性，展开讨论。

2.5 教师提问：桑基鱼塘是不是一个完整的生态系统？通过问答让学生理解生态系统的概念以及能量流动和物质循环的重要意义。

辅助材料

（1）桑基鱼塘食物链图。

（2）铅笔与白纸。

1 导入

地点：自然教室

时间：5～10分钟

**2 建构
第一部分**

地点：自然教室

时间：15～20分钟

2 建构
第二部分

地点：自然教室

时间：15~20分钟

2.6 启发学生思考桑基鱼塘这种水产养殖模式。教师展示管湾湿地里养殖鱼的图片，分别介绍不同鱼的形态特征和生活习性后，学生能理解水产品的概念和意义。

2.7 教师提出水产养殖的概念，带领学生前往管湾湿地里的几处鱼塘，观察管湾湿地水产养殖的现状。返回自然教室开展活动。

2.8 课堂游戏："渔业大亨"

游戏规则：教师规定一定品种的养殖鱼类，将学生分成4个小组，每个小组拥有等量的鱼塘。教师开始介绍不同品种的生活习性和年产量等相关知识，以年为单位，学生们需要制定养殖计划，构建水产养殖的过程，最后哪一个小组养殖的鱼类和鱼量最多，即为胜利。

2.9 教师进行询问，从最低产量到最高产量，依次了解产量情况。邀请学生分享自己的养殖品种及产量差异的原因，在制订计划中遇到的问题，又是如何团队协商解决的。

2.10 启发学生思考，水产养殖难道仅需要考虑上面的因素就可以取得成功吗？是否还存在着其他的限制条件，如不同品种在耐寒性、抗病性及对动物激素的适应性方面等。是否还有继续深入学习和探讨的空间？

2.11 教师讲解一些国内外的水产养殖方法，引导学生认同可持续水产养殖的概念，进一步提醒学生思考，是否还有减少人为因素干扰，用自然条件来增加水产养殖产量的办法？

---

3 实践

地点：桑基鱼塘

时间：20~30分钟

3.1 教师带领学生前往桑基鱼塘观察，回顾之前所说的知识模块。

3.2 启发学生认识到桑基鱼塘的特点：种桑与养蚕、鱼、猪相结合，生产上有紧密的联系；植物与动物互养，形成良性的生态循环；塘与基合理分布，水陆资源相结合。

3.3 实践调研："如何经营一块桑基鱼塘？"

调研现场：教师将学生分组，前往桑基鱼塘承包户进行调查，采用问答和笔录的调研模式，学习管湾鱼塘承包户的经营模式，填写调研报告，思考如果自己是渔民，是否可以经营好一块桑基鱼塘。

3.4 管湾渔民带领学生用网捕捞鱼塘里的鱼，体验捕捞的快乐。

3.5 教师带领学生返回自然教室，补充完善各自的调查报告。

---

4 总结
与评估

地点：自然教室

时间：5分钟

4.1 请学生分享自己此行的收获。

4.2 教师对学生在课程中的表现进行总结、评价。

4.3 学生应指导可持续水产养殖方法与常规养殖的区别。

4.4 学生理解并认同可持续观念，并愿意通过可持续行为改善环境。

5.1 教师引导学生认识，除了桑基鱼塘外，还有果基鱼塘和花基鱼塘等类型不同但本质相近的生产经营模式。

5.2 针对生态系统的能量流动与物质循环，可进行深入拓展：

活动策划： 桑基鱼塘的物质循环可以理解为气体型循环的一种。由此启发学生思考，一块桑基鱼塘的能量转化率可以维持一定值吗，如果可以，那么，有没有一些人工干预的措施可以帮助其维持并保证这块土地的肥沃程度呢？学生可以在课后查阅相关资料，学习关于能量流动与物质循环的相关知识，开发学生的科学性思维能力。

5.3 知识拓展：生态系统的物质循环可分为三大类型，即水循环，气体型循环和沉积型循环。生态系统中所有的物质循环都是在水循环的推动下完成的，因此，没有水的循环，也就没有生态系统的功能，生命也将难以维持。参与沉积型循环的物质，主要是可被生态系统利用的营养物质。

5 拓展

地点：自然教室

时间：5~10分钟

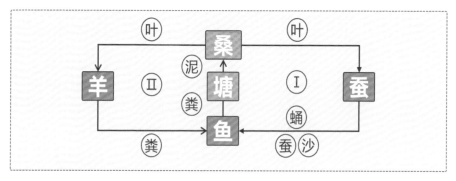

基塘系统模式图

湿地原住民

6 拜访水生植物家族

授课对象	
小学三至六年级	
课程时长	
90分钟	
适宜据点	
下沉栈道	
适宜季节	
夏	
扩展人群	
初中	
授课师生比	
1：10至1：15	
准备教具	
湿地水生植物卡片、湿地水生植物图片、芦苇芯、菖蒲芯、农活手套、农活草帽、彩色铅笔	
课程类型	
自然观察课	

课程目标

1. 能够识别3~5种水生植物。

2. 能够举例说明水生植物的三种类型。

3. 结合水生植物的茎、叶、和根系特征，简单解释其与湿地环境的适应关系。

涉及《指南》中的环境教育目标

1. 说出身边自然环境的差异和变化，列举各种生命形态的物质和能量需求及其对生存环境的适应方式。

2. 运用各种感官感知环境，学会思考、倾听、讨论；评价、组织和解释信息，简单描述各环境要素之间的相互作用。

3. 欣赏自然的美，尊重生物生存的权利。

与《义务教育课标》的联系

小学科学

1. 说出周围常见植物的名称及其特征。

2. 说出植物的某些共同特征，列举当地的植物资源，尤其是与人类生活密切相关的植物。

课程大纲

1.1 进行开场介绍，告知学生此次课程安排。

1.2 引入"植物大战僵尸"视频，激起同学们的兴趣，要求他们仔细观察视频内容，观察池塘里都出现了什么植物：浮萍、水藻和海蘑菇等，引出今天的课程主题。

1.3 将学生分组，发放活动物料。

2.1 **课程游戏：水生植物的宾果秘语（一阶）**

游戏规则： 教师将学生分组，准备游戏物料包。

（1）教师准备管湾湿地中的典型水生植物方形卡片12~15张。卡片正面为水生植物名称，背面为水生植物的典型形态图像和分类信息。植物选取标准：从四种水生植物中，分别选取3~4种典型代表，如挺水植物：菖蒲、荷花、芦苇，浮叶植物：睡莲、田字草、野菱，沉水植物：金鱼藻、苦草、轮叶黑藻，漂浮植物：满江红、槐叶萍、浮萍等。

（2）教师给每人发放一套水生植物卡片，请学生从中任选9张，按照3×3，摆成九宫格（文字朝上）。

（3）教师说出其中一种水生植物的名称，学生找到该卡片，并将其翻转过来。

（4）最快将手中的卡片连成直线的学生，喊"bingo"，若正确可加一分。

（5）本游戏可进行2~3轮，直至学生熟悉游戏规则即可进行升级版游戏。

2.2 **课程游戏：水生植物的宾果秘语（二阶）**

卡片和游戏规则不变。教师引导词改变。可选择说出一种或一类水生植物名称，学生将相应的植物翻转，并请学生结合卡片背后的图片，观察并描述该植物，教师可适当补充介绍。

2.3 **课程游戏：水生植物的宾果秘语（三阶）**

卡片和游戏规则不变。由教师引导变为学生主导。请学生轮流选择一种或一类植物，然后大家一起说出它的特征和分类，并将其翻转；直至教师确定学生基本熟悉各种水生植物，即可结束本轮游戏。

2.4 教师请学生将手中的卡片按照类别分成四组，并通过提问等方式引导学生归纳概括每一类植物的根、茎、叶特征。如挺水植物（芦苇、菖蒲）通常生长在浅水区域，根部沉浸在水中，茎叶多露出水面；浮叶植物（睡莲、野菱）的根部固定在水底土壤中，阔大的叶片多呈圆形，常紧贴水面，由水下长长的叶柄支撑着；漂浮植物（槐叶萍、满江红）在水面，常随水漂流，根部不固定在泥土或者没有根部；沉水植物（苦草、金鱼藻）的全部植株均沉浸在水中，大部分扎根泥土，部分缺乏根部的品种会在水中随处漂流。

2.5 教师创设情境，引导学生思考：就像人需要吃饭和呼吸一样，植物也需要通过光合作用和呼吸作用维持自身的生存。水生植物也不例外。但是和陆生植物相比，水生植物是如何适应水下缺少空气、阳光，同时又多水的环境呢？

2 建构
第二部分

地点：自然教室

时间：10~15分钟

2.6 教师拿出提前准备好的野生菱角、香蒲的茎叶、芦苇的茎、莲藕、荷叶以及槐叶萍、金鱼藻等，请学生观察并说出这些植物的器官或组织可能有什么功能。

2.7 教师可适当引导学生得出以下结论：野菱的气囊、芦苇和菖蒲的茎、莲藕等可以帮助水生植物更好地呼吸；槐叶萍表面有显而易见的气孔可以提高气体交换的速率；气囊也可以帮助野菱增大浮力，使其叶片漂浮在水面上以吸收更多的阳光；浮叶植物如荷花、睡莲的大叶片，可以增加接触阳光的表面积；很多水生植物的叶片都具有防水结构，如荷花的疏水效应。

2.8 教师提问：除了缺少空气和阳光外，水生植物还可能会遇到什么生长难题？如沉水植物的茎柔软是为了适应水流的冲刷；挺水植物的根系最发达，也是为了防止被冲走；漂浮植物干脆就放弃了扎根泥土中，随着水流漂；槐叶萍的繁殖速度（这部分可根据情况适当展开即可）。

辅助材料

（1）湿地水生植物宾果卡片若干套（根据学生人数来定）。

（2）能清楚地说明水生植物分类依据的图片。

（3）提前采集的部分水生植物器官或植株（野菱气囊、芦苇茎、香蒲茎、莲藕、荷叶、金鱼藻、槐叶萍等）。

3.1 教师带领学生进入管湾下沉栈道，请学生分组完成以下两个任务，并说清楚任务要求及评价标准。

3 实践

地点：下沉栈道

时间：20~30分钟

3.2 学生分组完成任务

任务一：常见水生植物打卡

请学生分组寻找卡片对应的水生植物，完成管湾水生植物打卡。

任务二：典型水生植物观察

请每组学生分别从四大类水生植物中各选1~2种代表性植物，观察其茎、叶、根的形态，及其与周围环境的关系，并以自然笔记的形式记录下来。

3.3 组内成员之间互相交流各自的记录成果，将所有信息拼贴或绘制在一张海报上，海报内容需包括：

（1）水生植物的四大类型。

（2）准确描绘选取的水生植物的生态位。

（3）形象地描绘出选取水生植物根、茎、叶的特征。

（4）至少描绘一种水生植物与其他生物（如鸟、鱼、昆虫等）的关系。

辅助材料

（1）水生植物观察记录表。

（2）彩笔与白纸。

（3）户外观察记录本。

4 总结与评估

地点：下沉栈道

时间：5分钟

4.1 请学生分组分享并简单介绍自己的海报内容。

4.2 请学生分享自己此行的收获。

4.3 教师对学生在课程中的表现进行总结、评价。

5 拓展

地点：自然教室

时间：5～10分钟

5.1 教师引导强调水生植物除了呼吸作用外，同时也是湿地净化的重要贡献者。

5.2 针对水生植物对污染的治理问题，可进行深入拓展：

湿地实验：芦苇与菖蒲的牺牲精神

实验策划：教师准备足够数量的芦苇芯和菖蒲芯，分放到小组中。将其插入湿地水体中，观察植物根茎的吸附性，引出水生植物的根茎可以吸收富营养盐、去除底泥污染物等功能。教师解释水生植物对湿地生态系统的重要意义。

湿地原住民

7 叶的印记

授课对象

小学三至四年级

课程时长

60分钟

适宜据点

自然教室

适宜季节

春夏秋

扩展人群

小学1至6年级

授课师生比

1：10至1：15

准备教具

湿地植物叶片样本、石膏粉、塑料盘、镊子、雨伞、彩色铅笔

课程类型

自然观察课

课程目标

1. 能认识生活中常见的6～8种植物，并能描述其叶片特点。

2. 认识身边常见植物叶片的形态特征，如形状、颜色、边缘形态、叶脉结构等。

3. 了解植物叶片形态出现差异的原因，初步理解环境对植物形态产生的影响。

涉及《指南》中的环境教育目标

1. 说出身边自然环境的差异和变化，列举各种生命形态的物质和能量需求及其对生存环境的适应方式。

2. 运用各种感官感知环境，学会思考、倾听、讨论；评价、组织和解释信息，简单描述各环境要素之间的相互作用。

3. 欣赏自然的美，尊重生物生存的权利。

与《义务教育课标》的联系

小学科学

1. 说出周围常见植物的名称及其特征。

2. 说出植物的某些共同特征，列举当地的植物资源，尤其是与人类生活密切相关的植物。

3. 举例说出生活在不同环境中的植物其外部形态具有不同的特点以及这些特点对维持植物生存的作用。

课程大纲

1.1 进行开场介绍，告知学生此次课程安排。

1.2 教师提问，日常生活中学生有没有观察过落叶，有没有在校园里观察过乔木和灌木的叶片？如果观察过，那么各异的植物叶片最直观的区别是什么（如形状、颜色、边缘形态等）？

1.3 将学生进行分组，发放活动物料。

1.4 备选热身游戏：叶片大搜寻

游戏规则： 教师在游戏开始时不进行分组，每个学生手中发放不同种类、形态颜色各异的常见植物叶片（不同颜色的叶片等量），学生需要按照颜色寻找相同颜色的小组成员。找到成员后，进行小组讨论，用自己的话总结出它们之间的差异，试着选取不同的角度思考问题。教师可减少游戏环节，用落叶抽签的方式直接进行分组。

1.5 备选破冰活动：大话叶子

活动策划： 教师将学生们分组，每个小组需要自选一名组长。组长的任务是在规定时间内获取以下信息：每个组员最喜欢的植物叶片的名称和原因，以及每个组员对这种植物叶片的认同程度。到时间时，每个小组需要挑选出1～2名同学（可以不是组长）和不同的小组交流。教师可参加交流，活动达到锻炼学生的自我表达能力、沟通交流能力等方面。

1 导入

地点：自然教室

时间：5～10分钟

2.1 教师引导学生用自己的话简单介绍观察到的叶片特征，主要从形状、颜色、大小、质感等方面进行描述，随后通过图片介绍相应的植物，此处可以结合一些趣味的解说，激发学生的兴趣。

2.2 教师讲解植物分为常绿植物和其他植物，引发学生思考，为什么植物的叶子可以常年保持绿色，它们是怎么抵御干燥缺水的？（准备阔叶树的叶子：枫叶、黄杨树叶、常青藤叶和月桂树叶这四种）

2.3 让学生用手触摸，讨论不同叶片带来的触感。大家会发现，常青藤和黄杨树叶很光滑，且比枫叶更硬，但是月桂树叶是最硬的。

2.4 教师启发学生思考为什么会出现这种情况，像常青藤、月桂、黄杨这些常青植物，其叶片表皮层比枫叶更厚，且表皮层上还有蜡层，这些保护措施都能让它抵御寒冷。月桂则是这四种植物叶片中表皮层最厚的，且气孔深陷在表层中，故能抵御干燥缺水的环境。

2.5 除了质感外，植物的叶子还有其他的特征，需要学生在实践环节中进行探索和发现。教师介绍实践环节的两项任务，一项为个人任务，每位同学需要根据任务单的提示，找到相应的落叶，并且进行记录；一项为小组任务，老师为每个小组提供一张彩虹色卡，请同学们根据色带上的色彩寻找五彩缤纷的落叶，色彩越丰富越好。

2 建构第一部分

地点：自然教室

时间：15～20分钟

**2 建构
第二部分**

地点：自然教室

时间：10~15分钟

2.6 完成任务返回自然教室后，学生们将自己收集的植物叶片放置在各自小组的桌面上，教师请学生分享，分别介绍1~2种观察到的植物叶片的特征，包括颜色、气味、触感、正面和背面的细节等。

2.7 请学生将捡拾到的落叶按形状进行分类，可以提问：你觉得形状最特别的叶子是哪种？激发大家讨论植物叶形和大小的差异，并且讨论影响植物叶片形状的原因。教师总结同学们提出的猜想，然后介绍植物叶片出现不同形状的原因是在特定环境下进化的结果，如：大叶子能尽可能多地获取阳光；小叶子能够避开太多的阳光，并且在寒冷的环境中牢牢集中在一起；掌状裂的叶子能让阳光穿透树冠，使下层的叶子也能获得阳光。

2.8 教师以荷叶为例展开讨论，荷叶展开之后呈现圆形，上表面深绿色或黄绿色，较粗糙；下表面淡灰棕色，较光滑。启发学生思考环境对植物叶片的影响。

2.9 知识补充：正是因为荷叶的表面有很多个微米级的蜡质乳突结构，所以水滴落在荷叶上会变成了一个个自由滚动的水珠且水珠在滚动中能带走荷叶表面尘土。

2.10 观察荷叶后，回顾自己收集的植物叶片，教师提问学生如何将叶片永久保存下来，学生们开展讨论。

3 实践

地点：自然教室

时间：20~30分钟

3.1 教师根据学生们的讨论进行总结，整理可行性高的方案。

3.2 湿地游戏：叶脉化石拓印

游戏规则： 教师将清水倒入杯子中，按比例进行搅拌石膏浆。分配给各小组学生。指导学生完成如下操作：

（1）将调好的石膏浆倒在塑料盘上；

（2）再将叶片背面朝下放在石膏浆上，使用镊子帮助叶片与石膏浆贴平；

（3）当石膏浆快要干时，将叶片用镊子挑起，静置等待几分钟后，一个叶脉化石就制作完成了。

3.3 启发学生思考为什么要制作叶脉化石，教师突出叶脉的概念，讲解叶脉的相关知识：叶脉包含平行脉、网状脉、叉状脉。强调叶脉输导水分和养料的作用：支撑叶子，增加光合作用面积。

3.4 要求学生理解叶片是植物的营养器官，通过光合作用产生养料，通过叶脉运输养料。

3.5 各组展示每一组的叶脉化石拓印，并签名纪念。

**4 总结
与评估**

地点：自然教室

时间：5分钟

4.1 请学生分享自己此行的收获。

4.2 回顾课程中的发现、思考过程，重温同学们在实践过程中通过探索得到的发现。

4.3 学生能理解植物的叶片在颜色、形状、结构上的差异都源于其对环境的的适应，并在实践环节能积极参与讨论，并与组员开展合作。

5.1 教师引导强调叶片是植物的营养器官，通过光合作用产生养料，通过叶脉运输养料。

5.2 请学生以居住区或者校园里的几种不同植物作为观察对象，每月1次进行观察活动，记录植物的叶片在一年四季中的变化，形成植物叶片的观察小报告。

5.3 针对植物叶片的功能作用，可进行深入拓展：

课后实验：叶子上的斑马纹

实验策划： 实验开始前，学生需要准备一盆大叶子的植物和不透明的胶带，学生将胶带贴在植物的大叶子上，几天之后撕下胶带观察现象。学生会发现被贴上的地方，叶子的颜色变成了淡绿色。原因是未被遮挡的叶子，可以吸收部分阳光产生叶绿素，而被遮住的部分无法产生新的叶绿素，叶子中的叶绿素逐渐被消耗，所以叶子呈现出浅绿色。启发学生思考，只有在有光的条件下，叶子才能制造养分，合成叶绿素。

5.4 要求学生理解叶子作为植物中的重要器官，参与到植物体的各项生命活动中（如蒸腾作用、呼吸作用等），是植物体不可或缺的部分。

5 拓展

地点：自然教室

时间：5～10分钟

湿地原住民

8 植物后代们的旅行

授课对象	
小学五至六年级	
课程时长	
60分钟	
适宜据点	
自然教室	
适宜季节	
春夏秋	
扩展人群	
小学3至4年级、初中	
授课师生比	
1：10至1：15	
准备教具	
湿地植物种子样本、放大镜、干燥受热的球果样本、蒲公英、白纸片、彩色铅笔	
课程类型	
实验探究课	

课程目标

1. 能够明确种子植物与孢子植物种子间的区别。
2. 能够了解裸子植物种子的特点。
3. 能够用自己的语言说出种子的传播类型。
4. 能够理解生命在适应过程中必须要进行挑战与选择的考验。

涉及《指南》中的环境教育目标

1. 说出身边自然环境的差异和变化，列举各种生命形态的物质和能量需求及其对生存环境的适应方式。
2. 运用各种感官感知环境，学会思考、倾听、讨论；评价、组织和解释信息，简单描述各环境要素之间的相互作用。
3. 欣赏自然的美，尊重生物生存的权利。

与《义务教育课标》的联系

小学科学

1. 说出周围常见植物的名称及其特征。
2. 说出植物的某些共同特征，列举当地的植物资源，尤其是与人类生活密切相关的植物。

课程大纲

1.1 进行开场介绍，告知学生此次课程安排。

1.2 教师提问，大家在日常生活中有没有观察过植物的种子，如果有，不同植物的种子形态特征是否相似？松果和桃子的种子是一样的吗，如果不同，又体现在什么方面呢？要求学生们带着问题进入本次课程的学习。

1.3 将学生分组，发放活动物料。

1.4 备选活动：播放《影响世界的中国植物》纪录片中关于种子的片段。

1 导入

地点：自然教室

时间：5~10分钟

2.1 课堂活动：种子伙伴

活动策划：教师介绍被子植物、裸子植物、蕨类植物以及藓类植物，并准备一定数量且等量的各类植物种子，分发给所有同学。学生以教师为中心围成一个圈，将手背在身后，由助教在每位学生手中放一颗种子。学生需要通过触摸感受种子的形状、大小、质地等特点，并用语言描述出来。学生根据他人描述，找到和自己拿到同样类型种子的伙伴，组成活动小组。

2.2 启发学生区分种子和孢子（蕨类植物和藓类植物荚果内的细胞），教师展示蕨类植物叶片样本，引导学生发现蕨类植物的种子密密麻麻的覆盖在叶片上，被子植物的种子则被内外果皮所保护。那么，从生物学角度又该怎样去看待这个问题呢，以此来锻炼学生的科学性思维。

2.3 知识拓展：孢子只是一个细胞；而种子属于器官，由种皮和胚构成，在遗传的角度上来看，种子经过受精后发育出新的幼小生命，带有两个亲本的遗传物质，使子孙具有更大的变异性和适应能力，而孢子是无性生殖细胞，可以保持亲本的性状。

2.4 除了被子植物这类高等植物，教师提醒学生不要忘记裸子植物，要求学生观察之前分发的裸子植物种子样本，思考裸子植物的种子特征。

辅助材料

（1）一定数量的各类植物种子

（2）蕨类植物叶片样本

2 建构
第一部分

地点：自然教室

时间：15~20分钟

2.5 课堂实验：嘘！可以将悄悄话藏在球果里吗？

实验策划：学生思考之后，教师要求每个小组拿出之前分发的球果，要求学生们在小白纸片上给小组的其他同学写几句悄悄话。当学生们将纸条折叠足够小，塞到松果的鳞片之间，将松果从干燥的自然教室带到放到潮湿的湿地环境中，会发现松果的鳞片闭合了，而纸条被包裹在其中看不见了。教师讲解原因：球果的木质鳞片在潮湿的空气中会闭合。难道球果的鳞片真的是用来藏悄悄话的吗？其实不然，每个果鳞的向轴面

2 建构
第二部分

地点：自然教室

时间：10~15分钟

常具有两粒或更多粒种子，而果鳞是由大孢子叶发育而来的。

2.6 当同学们真正认识到球果的时候，教师讲解球果的构造以及其与被子植物种子的区别，除了种鳞，它还包括胚轴、苞鳞、不发育的短枝等。且球果一般是松柏纲植物特有的。

2.7 在前往户外探寻种子的旅行方式之前，要求学生了解种子的前身是重要的植物器官——花。

辅助材料

（1）干燥受热的球果样本

（2）铅笔和白纸

---

3 实践

地点：自然教室

时间：15～20分钟

3.1 教师介绍种子的传播方式，告诉学生们鸟和昆虫可以作为种子的媒介帮助种子旅行，除此之外，让学生们猜想种子其他的传播方式，并将学生们带到种有蒲公英的地块上。

3.2 教师指出蒲公英作为典型的风媒传播的植物，具有很强的代表性。让学生闭上眼睛，感受身边的风，感受微风轻拂过脸庞的惬意。

3.3 实践活动：蒲公英寄语

活动策划：各组学生采集3～4株蒲公英，2～3名学生共有一株蒲公英。教师提醒学生，在帮助蒲公英传播种子之前，可以将自己的梦想寄托在蒲公英之上，这样梦想也就会随着这股风扬帆起航。教师适时讲解风媒传播的概念，创造出唯美的湿地意境。

3.4 活动结束之后，教师带领学生返回自然教室。

---

4 总结与评估

地点：自然教室

时间：5分钟

4.1 请学生分享自己此行的收获。

4.2 回顾课程中的发现、思考过程，重温同学们在实践过程中获得的感悟，思考如同种子的旅行一样，管湾这片土地是不是赋予了他们更为广阔的胸怀和价值。

4.3 共同欣赏这段旅行，合影留念，保留珍贵的回忆。

---

5 拓展

地点：自然教室

时间：5～10分钟

5.1 教师引导学生观察管湾湿地里的花，以野燕麦为例，成熟期其花很小，而种子较大。思考为什么燕麦也有花呢？禾本科植物虽然也是开花植物，但它的花和通常意义上的花又有所不同。完整的花朵已经退化了，但带有花粉的雄蕊和带有子房的雌蕊还存在，这一点与其他的开花植物一样。

5.2 要求学生理解昆虫传播与鸟传播的方式，能够用自己的语言详细地描绘出一种或多种植物种子的传播方式，尝试着通过"种子旅行"的主题来编写故事。

公民科学家

9 一滴水的旅行

授课对象

小学三至六年级

课程时长

90分钟

适宜据点

小微湿地

适宜季节

春夏秋冬

扩展人群

初中、高中

授课师生比

1：20至1：25

准备教具

砾石、沙子和泥土、杯子、保鲜膜、可栽小植物、小铲子、一瓶水、彩色铅笔

课程类型

合作讨论课

课程目标

1. 理解水的三态变化，并能够表达对水循环的认识。

2. 能够思考自然环境变化以及人类活动对水循环的影响。

3. 深入湿地生态系统，了解湿地对水循环的重要作用。

涉及《指南》中的环境教育目标

1. 识别自然环境中物质和能量流动的过程及其特征。

2. 运用各种感官感知环境，学会思考、倾听、讨论；评价、组织和解释信息，简单描述各环境要素之间的相互作用。

与《义务教育课标》的联系

小学科学

1. 知道有些物质能够溶解在水里。

2. 举例说明水的变化对生物生存的影响，认识到保护身边多种多样的生物非常重要。

3. 描述地球上的水在陆地、海洋及大气之间不间断地循环着，举例说明水在地表流动的过程中，塑造着地表形态。

课程大纲

1.1 进行开场介绍，告知学生此次课程安排。

1.2 教师播放不同情境下水的声音，让学生猜测是什么声音，同时描述听到这个声音的感觉。学生们可以尝试去模拟听到的声音，猜测是什么情境下的声音（包括：雨声、泉水声、海浪声、溪流声等）。

1.3 将学生分组，发放活动物料。

1.4 备选活动："小水滴的水循环之旅"故事分享。

1.5 教师简单地介绍水的三态和自然界水循环运动的基本知识，锻炼学生的科学性思维。

1 导入

地点：自然教室

时间：5~10分钟

2.1 教师以湖、云、冰川为例，介绍自然界中储存水资源的不同形式，并引出水的三态的重要性。

2.2 启发学生说出水的三态间的转化条件，凝固、液化、升华下的水分子时刻都在全球范围内进行着水循环运动，其主要动力是太阳辐射能。

2.3 要求学生写出自然界中水的不同存在形式，独立思考，比比谁写得多；分组讨论，思考这些形式之间的关系，并订正、补充和完善之前的内容。

2.4 课堂活动：绘画主题"帮助水分子成为旅行家"，要求学生尝试用自己的话表达对水循环的认识。

**2 建构
第一部分**

地点：自然教室

时间：20~30分钟

2.5 课程游戏：迷你水循环系统

游戏规则：要求学生在准备好的罐子里装上砾石、沙子和泥土，并栽上小植物，浇水。在杯子里面装满水，并在泥土中挖一个坑，深度为杯子高度的一半，把杯子放到挖好的坑里，四周用泥土固定好。杯子上罩上保鲜膜，再将其放在太阳光下，观察结果。学生们会发现，杯子里的水通过阳光的照射以水蒸气的形式上升，在罐子上的保鲜膜上液化成小水珠。这些小水珠又"下"到泥土表面，被植物吸收，进入土壤，一个完整的水循环就这样开始了。

2.6 教师对每组的迷你水循环系统进行比对，引导学生思考，这种条件下制作出来的循环系统和自然环境中的比起来，差异在哪？

2.7 如果将人类活动再加入自然环境中进行思考，会不会有更大的差异？教师可引入全球气温升高的情景，启发学生理解气候变化和人类活动对水循环的影响。教师应通过生动的表述引起学生的共情，开展讨论，形成问答式的分享。

**2 建构
第二部分**

地点：自然教室

时间：20~30分钟

2.8　地处管湾湿地，教师自然过渡到对于湿地生态系统下水循环的理解。要求向学生传递以下知识，湿地通过水循环来改善局部气候、调节径流、改善水质、保护生物多样性、调节小气候等，且湿地具有蓄水、调蓄洪水、补充地下水等功能。可选用较为直观的实验活动。

3.1　在深入了解湿地在水循环中的重要作用之前，同学们首先要先了解水源补给的类型。第一种水源补给类型是我们最常见的雨水补给，通过降雨补给河流水量，而这种补给方式的特点就是河流径流量会随着降雨量的变化而变化。第二种水源补给类型是冰川融水补给。这种类型在安徽地区出现的较少，因为冬天河流很少会出现冰冻的情景。第三种地下水补给也是重要的水源补给类型之一，河流与地下水之间存在着相互补给的关系。

3 实践

地点：小微湿地
时间：15～20分钟

3.2　在拥有知识储备后，教师带领学生深入管湾湿地小微湿地进行调研，探究湿地的水源补给来源。教师应掌握简单的地质勘探流程，通过找寻管湾的地下水源，引导学生完成调研。

3.3　备选实践活动：土层里的水资源

活动策划：该活动需要在晴天进行。教师在小微湿地里能够被太阳照射到的地方挖一个可以放下杯子的坑洞。用塑料薄膜覆盖在坑洞口，四边用石头压住，并在薄膜中间放一块小石头，使薄膜略微下陷。静置5分钟左右，学生们可以发现薄膜上汇聚了水滴，并不断地向中间汇集。证明了土层中含有大量的水分。

3.4　教师讲解湿地的重要功能：调蓄水资源。一部分水积存在湿地地表，还有大量的水储存在植物体内、土壤的泥炭层和草根层中，因此人们把湿地称为"天然蓄水池"或"生物蓄水库"。湖泊湿地更是名副其实的天然水库。湿地涵养水源的功能是对水循环过程的调节，一方面为自然界植物和生物的生长提供了基础，增加了地区的湿度，提供了更多的水蒸气，能够很好地维持地方水循环的稳定；另一方面湿地为人类的生产生活也提供了大量的水源。管湾湿地作为陂塘型湿地和水库型湿地，其中的作用更是锦上添花。

4.1 请学生分享自己此行的收获。

4.2 分组分享各自完成的水循环画作，探讨水循环的作用与意义。

4.3 学生能够对气候变化产生危机感，并愿意思考和践行环境友好的生活方式。

4.4 总结每个人可以对气候变化和水资源保护做的事情。

4.5 能够认识到事物之间彼此的联系与影响并建立系统性思维。

4 总结与评估

地点：自然教室

时间：5分钟

5.1 鼓励学生调查日常生活中各种耗能或高排放的问题，思考和整理可能帮助缓解气候变化的方法。

5.2 根据降雨补给的类型，用简单的实验来完成降雨现象：

课后实验：高压锅里的雨

实验策划：实验开始前，学生需要准备冰块、一个装满水的锅、电磁炉和隔热垫。要求大人将装满水的锅放在电磁炉上烧开，然后拿下来放在隔热垫上。将冰块放在锅盖上静置。请家里的大人将冷却过的锅盖盖上，观察锅盖里侧出现了什么。学生会发现水蒸气上升到锅盖上，在锅盖内侧凝成水珠，水珠又重新掉到锅里。学生需要思考这和降雨过程的联系。

5.3 提醒学生可以尝试创作关于水的三态的文章故事，鼓励学生收集和设计一些水资源高效利用的方法。

5 拓展

地点：自然教室

时间：5~10分钟

公民科学家

10 陂塘的前世今生

授课对象

初中七至九年级

课程时长

90分钟

适宜据点

陂塘博物馆

适宜季节

春夏秋冬

扩展人群

小学5至6年级

授课师生比

1：20至1：25

准备教具

调研报告、铅笔

课程类型

动手实践课

课程目标

1. 能够理解陂塘的概念以及陂塘型湿地。

2. 能够列举至少2种陂塘的类型。

3. 能够画出至少一种陂塘的布局，并简单解释其功能。

涉及《指南》中的环境教育目标

1. 知道技术在推动经济与社会发展的同时，也可能给人类和环境带来一些负面影响。

2. 理解发展经济不能以牺牲环境为代价，经济发展不能超过环境的承载力。

与《义务教育课标》的联系

初中地理

1. 了解家乡、中国和世界的地理概貌，了解家乡与祖国、中国与世界的联系。

2. 关心家乡的环境与发展，关心我国的基本地理国情，增强热爱家乡、热爱祖国的情感。

初中生物

1. 知道生物科学技术在生活、生产和社会发展中的应用及其可能产生的影响。

2. 初步学会运用所学的生物学知识分析和解决某些生活、生产或社会实际问题。

课程大纲

1.1 进行开场介绍，告知学生此次课程安排。

1.2 教师提问大家是否了解管湾地区自然灾害频发的自然地理背景，并简单介绍旱涝频发的原因：

（1）地形：丘陵为主，西高东低；

（2）气候：季风气候，降水集中；

（3）水文：长江与淮河分水岭；地下水埋藏深，储量少；源短流急，暴涨暴落，有明显汛期；

（4）植被：森林植被少，多种植水稻等需水量比较大的农作物；

（5）土壤：透水、透气性差。

1.3 将学生分组，发放活动物料。

1.4 教师提出问题：如何解决枯水期干旱和丰水期洪涝灾害的问题？引发学生讨论。通过旱涝的解决方案提出陂塘的概念，陂塘是在原来自然湖泽的基础上，经过人工围筑而成的蓄水工程，其作用主要是蓄水灌溉，兼有防洪除涝以及养殖等方面之利，一种可以在丰水期蓄水，枯水期灌溉的水利工程。

1.5 启发学生思考，陂塘难道仅仅是近现代才创造出来的吗，学生开展自己的想象，并在白纸上写出自己的思考。

2.1 课堂活动：陂塘博物馆调研

活动策划：学生将分组进行调研，教师帮助学生设立几个不同的角度，如历史、发展阶段、定位、分类等，学生分组选择一个角度开展博物馆内的调研。要求学生明确历史上陂塘的作用。

（1）泄洪：将当地的治理由围堵转为疏导。

（2）灌溉：筑堤坝来拦蓄水流，来帮助当地农业的发展。如春秋时期修建的淮南芍陂（我国最早的大型陂塘水利工程）。

（3）陂渠体系的建立。

2.2 课堂游戏：陂塘沙盘

游戏策划：教师结合调研结果，将陂塘分出三个发展阶段。

（1）萌芽期：夏商周时期及以前。教师指导学生用沙盘堆叠出比较简单的堤坝模型。

（2）繁荣建设期：春秋至南北朝。教师示范如何用沙盘建造一个较为完整的堤坝、水门和溢流设施。学生分组进行堆叠。

（3）发展完善期：隋唐宋元以后。教师讲解完善期陂塘的功能转变，此时的陂塘已经不是一个水利设施的简单堆叠，而是一个小型的以蓄为主的陂渠串联系统。

2.3 教师引导学生思考，是否现代还有大型的陂塘，明确现代的陂塘分为大型水库型陂塘和小型塘坝型陂塘。明确陂塘的结构和一些特殊的陂塘类型，如当家塘等。

2.4 学生需要根据调研结果总结出陂塘功能发展脉络，教师将在总结讨论后提出一些参考答案。

（1）蓄水灌溉（单一）

（2）水产养殖（多元）

（3）基塘系统（综合）

（4）生态功能（雨洪调蓄、净化水质、生物多样性保护）

3.1 在调研开始前，学生需要明确管湾湿地的陂塘分为哪些类型：生态修复型、原生湿地型、栖息地型、稻田型等。

3.2 将学生分组，思考管湾湿地陂塘承载着传承历史、农业生产、人类生活、生态涵养等功能。每个组需要从不同的角度对湿地陂塘进行调研，教师提供以下可选角度：灌溉、养殖、基塘系统、当家塘、湿地修复等。

3 实践

地点：湿地陂塘

时间：20～30分钟

3.3 学生进入管湾湿地深入调研，并提交调研成果（海报一张）：

（1）从选定角度看陂塘的空间布局。

（2）针对该角度的调研资料整理与总结。

3.4 教师在调研结束后，告知学生为什么提供以上可选角度进行调研：

（1）陂塘灌溉：一般选在地势低洼之处，筑堤起陂以吸纳周围山川溪流，抬高水位后，修堤渠，置水门，灌溉农田；陂塘水利以调节径流为主要目标，基本构造包括堤坝、陂湖、闸涵、溢流渠道，具有很强的适应性；

（2）陂塘养殖：四大家鱼、莲、菱角；

（3）基塘系统：桑基鱼塘、果基鱼塘、花基鱼塘；

（4）当家塘：巢湖流域人民在深刻理解地区自然气候特征基础上，

一代一代传承和试验的生态系统工程，旱能补水，涝能蓄洪，具有巢湖流域典型的历史文化特征，是宝贵的人类非物质文化遗产。

3.5 鼓励学生手绘陂塘模型图，从心里理解并认同陂塘文化和陂塘型湿地。明确陂塘历史的同时理解中华民族农耕文明的历史。

---

4 总结与评估

地点：自然教室

时间：5分钟

4.1 请学生分享自己此行的收获。

4.2 总结陂塘的历史和陂塘的功能转变。

4.3 能够认识到事物之间彼此的联系与影响，并建立系统性思维。

4.4 愿意从自我做起，认同并保护中华农耕文明。

4.5 学生对所在环境的文化敏感度提升。

4.6 愿意向周围伙伴分享陂塘的相关知识和文化，意识到保护传统文明的重要性。

---

5 拓展

地点：自然教室

时间：15~20分钟

5.1 鼓励学生在课后自主学习陂塘相关知识，并以陂塘为主题进行写作。

5.2 课后活动：陂塘历史情景剧

活动策划：教师将学生分为官吏、管湾当地农户、官兵等。背景是管湾发大水，农户的农田都被淹了，官吏前来治大水。学生们代入各自的角色，展开利益纠葛和共同治水的情景剧。结束后，思考水利工程的重要性。

5.3 该课程可作为水利工程主题的引入课程，教师可组织学生对所在区域的水坝水库展开调研，了解管湾湿地每年蓄水和放水期的分布情况，开展入侵物种清除和生境修复工作。

公民科学家

11 水质检测师

授课对象

初中七至九年级

课程时长

90分钟

适宜据点

自然教室

适宜季节

春夏秋冬

扩展人群

高中

授课师生比

1：20至1：25

准备教具

废弃塑料瓶、剪刀、细绳、pH试纸、玻璃片、玻璃棒、标准比色卡、调研报告、铅笔

课程类型

实验探究课

课程目标

1. 明确水质监测的基本方法。
2. 能够用自己的话解释检测水样酸碱度的目的。
3. 能够理解人类进行水质监测的意义。

涉及《指南》中的环境教育目标

1. 分析技术在环境保护中的作用及其局限。
2. 围绕身边的环境问题选择适宜的探究方法，确定探究范围，选择相应的调查工具，依据环境调查方案，搜集、评价和整理相关信息。

与《义务教育课标》的联系

初中化学

1. 了解化学、技术、环境的相互关系，并能以此分析有关的简单问题。
2. 初步形成基本的化学概念，初步学会设计实验方案，能完成一些简单的化学实验。

课程大纲

1.1 进行开场介绍，告知学生此次课程安排。

1.2 教师带领学生参观水质在线监测仪，简单介绍工作原理，引申出接下来需要各自制作的简易"水质监测仪"。

1.3 将学生分组，发放活动物料。

1 导入
地点：自然教室
时间：5~10分钟

2.1 教师介绍如何使用废弃塑料瓶制作一个"简易水样采集器"。简单地讲解水质的概念，它标志着水体的物理、化学和生物的特性及其组成的状况。

2.2 教师提问，人类为什么要进行水质检测，以及水质检测的名称和意义。水质检测是监视和测定水体中污染物的种类、各类污染物的浓度及变化趋势，评价水质状况的过程。对于日常的饮用水而言，若水中含有有害细菌，便会传染各种传染病；若水中存在大量浮游生物，便会产生臭味等，所以水质检测对整个水环境保护、水污染控制以及维护水环境健康方面起着至关重要的作用。

2.3 启发学生思考，如果不进行实验，仅采取观察的方法，能否判断生活中的水质存在问题呢？使用透明玻璃杯观察水中是否有异色或悬浮物？如果有，则说明水中的杂质可能会超标。观察隔夜的茶水是否会变黑？如果变黑了，则说明水中含铁、锰类金属超标了。喝水时感觉嘴巴发涩？如果是，则说明水的pH值异常。

2.4 教师带领学生采集水样并返回自然教室。

2.5 回顾刚才所说的知识，指导学生检测水的pH值。

2 建构
地点：自然教室
时间：20~30分钟

辅助材料

（1）废弃塑料瓶。

（2）剪刀和细绳。

3.1 教师发放pH试纸和其他相关实验物料。

3.2 教师讲解为什么在那么多可选检测项中选择pH值作为实验对象。因为pH值能较为直观地体现水质的变化，如藻类的活力、二氧化碳的存在状态等，都可以通过pH值的大小和日变化量来推断。若pH值较低，无外来污染，则可能是水硬度偏低、腐殖质较多、二氧化碳偏高和溶氧量不足；若pH值较高，则可能是水生植物过于旺盛或腐殖质不足。

3.3 课堂实验：pH试纸测定水样酸碱度

实验策划：教师告知学生实验检测的相关注意事项。

（1）学生在玻璃片上放一片pH试纸，并从"水样采集器"中取一些水样。

（2）用玻璃棒蘸取水样滴到pH试纸上，将试纸颜色与标准比色卡比较。

**3 实践
第一部分**
地点：自然教室
时间：25~30分钟

3.4 启发学生思考，除了pH值这个直观的可调查项外，是否有其他对水质检测有直观表达的调查。

辅助材料

（1）pH试纸。

（2）玻璃片和玻璃棒。

（3）标准比色卡。

3.5 教师讲解除了pH值外，学生们也可从微生物入手来探秘水质检测。教师发放实践所需物料，学生回忆是否听说过生活在水中的微生物，并思考其是保护水体还是破坏水体的？

3.6 教师举例说明：自养菌一般生活在清洁水体中，如变形虫就是判定水体污染的指标动物，而病原性细菌和不属于生物的病毒则是污染水体的重要指标。

3.7 课堂实验：观察水中的变形虫

实验策划： 教师告知学生实验检测的相关注意事项。

（1）学生首先需要认识到变形虫的形态特征和相关知识。它虽然名为"虫"，但其实只有一个细胞。最常见的种类就是大变形虫。变形虫的身体柔软灵活，表面会有各种形状的突起，这些突起叫做"伪足"，身体借此移动。因为伪足的变化，身体的形状也不停发生变化。

（2）教师将变形虫装片，告知学生们显微镜的注意事项。应该用先低倍镜观察，后用高倍镜观察。学生们需要注意不要损坏装片，以防自己受伤。

（3）教师最后启发学生思考变形虫的生活地点，它们主要生活在清水池塘或在水流缓慢藻类较多的浅水中。

辅助材料

（1）显微镜。

（2）变形虫装片。

---

3 实践
第二部分

地点：自然教室

时间：25~30分钟

3.8 教师提出将这些指标全部学习之后，应该将所学知识再度深化。明确国家的水质分级标准，尤其是从Ⅰ类到劣Ⅴ类分别表示什么样的水质条件。明确造成管湾湿地水体污染的原因是什么。

3.9 课堂调研：管湾的水污染从哪儿来到哪儿去？

调研策划： 教师带领学员寻找污染排放源头。学生分组讨论，分析有哪些人类活动会造成水污染，共同完成调研报告，返回自然教室进行汇报。

辅助材料

（1）调研报告

（2）铅笔

---

3 实践
第三部分

地点：自然教室

时间：25~30分钟

4.1 请学生分享自己此行的收获。

4.2 总结每个人可以为水资源保护所做的事。

4.3 能够认识到事物之间彼此的联系与影响，并建立系统性思维。

4.4 能够正确使用显微镜、pH试纸等实验仪器。

4.5 思考实验的目的性和意义，启发学生的科学性思维。

5.1 鼓励学生创作自然笔记，让学生画出他们心中各种生动物的形象并创作水质保护小故事。

5.2 该课程可作为入侵物种主题的引入课程，教师可组织学生对所在区域的水体环境展开调研，了解管湾湿地的外来入侵物种分布情况，开展入侵物种清除和生境修复工作。

5.3 观察学校和社区的水体环境，根据课堂所学知识，试图在课后用一些方法检测身边的水体环境。

5.4 可与合肥市自来水公司水质检测中心建立合作伙伴关系，在学生完成课程后可根据意愿前往自来水公司水质检测中心进行考察式学习。

公民科学家

12 门前的水库

课程目标

1. 能够认识并区分基础的水利工程设施。
2. 了解水库的相关知识。
3. 能够理解水库设施的工作原理。

涉及《指南》中的环境教育目标

1. 识别自然环境中物质和能量流动的过程及其特征。
2. 知道技术在推动经济与社会发展的同时，也可能给人类和环境带来一些负面影响。
3. 分析技术在环境保护中的作用及其局限。

与《义务教育课标》的联系

初中地理

1. 具有创新意识和实践能力，善于发现地理问题，收集相关信息，运用有关知识和方法，提出解决问题的设想。
2. 初步认识环境与人类活动的相互关系。

课程大纲

1.1 进行开场介绍，告知学生此次课程安排。

1.2 教师播放纪录片《水脉》片段（南水北调工程建设纪实），并向学生介绍几种举世闻名的中国水利工程，如三峡水电站、都江堰、南水北调等，教师简单地分析它们之间的区别。

1.3 将学生进行分组。

1.4 启发学生思考，国内有哪些水利工程，以及水利工程的种类。水利工程包括蓄水工程（水库、塘坝等）、提水工程（水泵站等）、调水工程（南水北调等）、地下水源工程（水井等）。中国著名的水利工程包含三峡水电站、都江堰、京杭大运河、南水北调等。

辅助材料

（1）纪录片《水脉》片段

（2）白纸和铅笔

2.1 教师讲解管湾湿地主要是以蓄水工程的水库为主。要求学生明确水库的主要功能，即防洪和灌溉。

2.2 教师导入管湾水库的背景知识，明确水库是由哪些部分组成的，为下面的实验做铺垫。管湾水库是淠史杭工程重要的中型水库，属滁河水系。滁河干渠是集农业灌溉、城市防洪、城市供水、旅游观光于一体的大型水利工程，沟通江淮两水系，横跨合肥市中部全境。而淠史杭灌区，位于安徽省中西部大别山余脉的丘陵地带，总设计灌溉面积1198万亩，是全国三个特大型灌区之一。

2.3 课堂实验：水库工程师

实验策划：教师根据之前的分组，分发水库模型材具包。教师指导学生分组完成水库模型。用杯子接水测试水库模型的功能，是否和管湾水库一样能够调蓄。完成之后，各组进行比拼，选出功能最完善的水库模型，颁发工程师奖章。

2.4 启发学生思考，难道水库建造后一定对当地居民有益吗？要求学生能够辩证地思考问题。进行话题讨论："水利工程的利与弊"明确人类可以在水库等水利工程中受益，生态环境可能在这些工程中被破坏。

2.5 知识拓展：教师讲解水库的利弊。

水库之利：以防洪调整河流的径流，改变流量季节分配的不均，抬高库区以及上游地区水位，有利于航运同时还可以作为人口聚居地的水源等。

水库之弊：使下游水位降低，沙量减小，土地盐碱化，可能发生地质灾害，需要进行移民等。

1 导入

地点：水库大坝

时间：15~20分钟

2 建构

地点：自然教室

时间：20~30分钟

（1）水库模型材具包。

（2）杯子和水。

3 实践

地点：水库大坝

时间：25～30分钟

3.1 教师带领学生前往管湾水库，在管湾水库沿线步行，讲解管湾水库的相关知识。用望远镜观察水库的结构。

3.2 教师带领学生前往闸门，观察闸门的结构，讲解闸门的工作原理。闸门和闸槽以及门槛等均应密合，闸门启动和关闭必须缓慢操作，保证均匀度。在闸门的启闭运行中，要时刻注意各启闭设备的相关表显数据必须保持在允许范围内，若发现表显数据超过允许范围，必须立即停机。在学生掌握了这些事项后，便能明确水库基本的工作原理。

3.3 教师沿线将学生从水库带到自然教室。

3.4 返回自然教室后，学生分组讨论，鼓励学生将水库的工作原理用手绘的形式展现出来。

4 总结与评估

地点：自然教室

时间：5分钟

4.1 请学生分享自己此行的收获。

4.2 总结水库的相关知识和工作原理。

4.3 能够认识到事物之间彼此的联系与影响，并建立系统性思维。

4.4 能够正确辩证地思考，既要正面看待事物，也要从反面看待事物。

4.5 思考活动的目的性和意义，启发学生的科学性思维。

5 拓展

地点：自然教室

时间：5～10分钟

5.1 学生找到其他地区水库的设计图，对不同水库的量级和水坝起到的意义进行思考和反思，理解如何合理进行水利资源。

5.2 鼓励学生试着去了解工程制图的相关内容，学习画画技巧，观察一些CAD或其他软件的水坝工程图纸，理解设计的意义。

5.3 课外游戏：建坝之争

游戏策划：游戏中，学生代表新能源公司，在这里用新科技来建造水坝、水道和发电站。游戏的版图分为山脉、丘陵、平原三个区域，山脉里有4个河谷，水流而下形成若干河道和下游的河谷。学生们可以做一些行动选择来进行任务合约，建造和回收资源。如何做好水坝水道水电站三位一体的规划建设，如何去合理的借用别人的资源，如何把自己的转盘玩得更溜，都是学生们需要去思考的点。

5.4 教师引导学生思考水电站的发电原理，理解水库水电站的工作机制，对大型和小型的水库都有更深入的了解。

公民科学家

13 湿地规划师

授课对象

初中七至九年级

课程时长

90分钟

适宜据点

自然教室

适宜季节

春夏秋冬

扩展人群

高中

授课师生比

1：20至1：25

准备教具

PPT课件、角色卡片、彩色铅笔、管湾地图白板、管湾地区湿地分布图、管湾地区湿地类型图、管湾地区湿地剖面图

课程类型

合作讨论课

课程目标

1. 能够认识到湿地规划的重要性、目的性。

2. 能够理解他人不同于自己的立场和观点，学习寻求不同利益相关方的诉求平衡，确定共赢方案。

3. 能够了解湿地的剖面及其对地球的重要意义。

涉及《指南》中的环境教育目标

1. 区别在环境保护和环境建设中不同参与者的不同角色，设计环境保护活动，并对行动方案和效果作出评价。

2. 围绕身边的环境问题选择适宜的探究方法，确定探究范围，选择相应的调查工具。

与《义务教育课标》的联系

初中地理

1. 掌握获取地理信息并利用文字、图像等形式表达地理信息的基本技能。

2. 运用已获得的地理基本概念和地理基本原理，对地理事物和现象进行分析，作出判断。

3. 增强对地理事物和现象的好奇心。

课程大纲

1.1 进行开场介绍，告知学生此次课程安排。

1.2 将学生分组，发放活动物料。

1.3 热身游戏：管湾房东

游戏策划：学生将作为管湾的房东，对管湾收房租。教师告知了学生几种不同的规划方案和落地成果，房东们需要开展自己的智慧才智，怎样能让自己的房租收益最大。在活动结束后，教师将简介湿地规划的相关内容。

1.4 启发学生思考，为什么要进行这样的热身游戏，除了让大家熟悉组员外，能否理解规划的意义是要求学生去探索的。

1 导入

地点：自然教室
时间：5~10分钟

2.1 教师讲解上一环节中房东相当于利益相关方的一员，解释利益相关方的概念，即是指在组织的决策或活动中有重要利益的个人或团体湿地规划前，利益相关方的需求评估是非常重要的一项工作。

2.2 学生理解了利益相关方的内容后，教师引出人类为什么要对湿地进行规划，原来的湿地难道没有被规划吗？为什么需要考虑规划的事情？要求学生理解在未认识到湿地重要性之前，人类对湿地的开发主要是以改造为主，把湿地大规模地改造成适宜农耕的土地，湿地的数量因此快速减少。随着人类对湿地越来越深入的研究，人类逐渐认识到湿地的重要性。

2.3 课程游戏：我是管湾湿地代言人

游戏策划：教师需向学生说明游戏规则，由教师们扮演肥东县政府代表，表明政府准备对肥东县管湾国家湿地公园进行规划建设，探索生态文明发展道路。请每个小组在小组内部开展讨论并总结出本小组的开发意见和建议。教师邀请各组派一名规划师分享本小组的意见成果；由教师来总结点评不同湿地规划师的意见和建议。启发学生思考，在了解利益相关者的诉求之后，如何平衡各方势力，完成一个较为中肯的规划方案。

2.4 游戏结束后，教师需要启发学生总结湿地规划的意义。用白纸和铅笔记录下自己的想法，然后分组进行讨论。需要明确的是，在湿地规划中，将明确要保留的湿地划分出来，可以帮助当地降低未来区域发展的不确定性。并且通过合适的管理与经营可以增强湿地的经济、生态和社会收益。城市及其周边的湿地规划十分重要，因为该类型湿地和人类活动最为密切，它们不但为人类提供了多种生态服务，而且随着城市化进程的加深，受到人类活动的影响更加严重，生态环境不断退化，亟待保护。

2 建构

地点：自然教室
时间：15~20分钟

辅助材料

（1）PPT课件。

（2）角色卡片和设施卡片。

（3）管湾地图白板和铅笔。

3.1 教师向每组学生发放地图白板、角色卡片和设施卡片，各组在地图白板上进行规划，并牢记自己的角色。

3.2 每个小组在上面的活动结束后，进行分组汇报讨论，确立规划方案的主题、发展愿景和规划图。

3.3 教师传递湿地的概念，明确的湿地的重要意义，从规划的角度带领学生们剖开湿地的概念，从地理的角度分析湿地的结构。

3 实践

地点：自然教室
时间：20～30分钟

3.3 课程活动：剖开管湾湿地

活动策划： 教师带领学生分析湿地分布图、类型图和剖面图，了解湿地的类型及在公园层面开展合理规划的重要性。要求教师了解管湾湖周边湿地对管湾湖和滁河干渠的水文和水质乃至下游城镇供水及防洪都有着重要的调节作用。管湾国家湿地公园内的湿地分为河流湿地和人工湿地两种，永久性河流、洪泛平原和库塘三个湿地型。以上内容可作为补充知识传递给学生。

3.4 邀请学生分享规划过程中遇到的难点，如果为了更好地完成策划，还需要哪些资料？

3.5 备选活动：教师带领学生进入科普馆进行参观。

4 总结与评估

地点：自然教室
时间：5分钟

4.1 学生应明确湿地规划在城市开发建设中的重要性。

4.2 认识到湿地规划的目的性和重要原则，理解引入利益相关方的原因。

4.3 能够认识到事物之间彼此的联系与影响并建立系统性思维。

4.4 能够理解他人不同于自己的立场和观点，学习寻求不同利益相关方的诉求平衡，确立共赢方案。

4.5 能运用既有的知识、信息和工具，对规划对象进行分析并通过讨论开展实施。

5 拓展

地点：自然教室
时间：5～10分钟

5.1 学生找到当地湿地、水源地的地图，设计自己规划图（或到社区组织联系活动），探讨对当前规划及开发建设的反思。

5.2 鼓励学生登录所在地区负责规划部门的网站，了解普通公众参与城市规划的途径和方法，并制作成一份指南。

5.3 课后游戏：城市——天际线

游戏策划： 这是针对城市规划的一款游戏，通过对湿地规划的学习，学生思考如果去规划一片人居环境，又应该做出哪些努力。如何建造一个绿色、健康、可持续发展的城市在这个游戏里，学生们就可以得到满意的答案。尽管游戏能模拟真实的环境，但对于社会经济线和随时间衰退的衡量体现无法体现，当然，已经满足教育学生的意义。

江淮生活

14 管湾农家的生活

授课对象
小学三至六年级

课程时长
180分钟

适宜据点
外婆家民宿、高塘稻场、田塘野趣

适宜季节
秋

扩展人群
初中、亲子

授课师生比
1：5至1：10

准备教具
打谷桶、风车、团筛、脱粒机、抓鱼的水裤、鱼罩、渔网、桶、鱼笼倒须、彩色铅笔、农活手套、农活草帽

课程类型
动手实践课

课程目标

1. 体验到管湾农家的生活。
2. 掌握简单的农业用具及相关知识。
3. 感受管湾农家美食的魅力。

涉及《指南》中的环境教育目标

1. 了解日常生活中的常见技术产品及其环境影响。
2. 运用各种感官感知环境，学会思考、倾听、讨论；评价、组织和解释信息，简单描述各环境要素之间的相互作用。

与《义务教育课标》的联系

小学科学

1. 认识常见工具，了解其功能。
2. 知道使用工具可以更加精确、便利和快捷。

课程大纲

1.1 进行开场介绍，告知学生此次课程安排。

1.2 将学生分组，发放活动物料。

1.3 热身游戏：农具操作练习

游戏规则：教师带领学生前往自然教室，在众多农具中选择1～3种农具进行演示，带领学生前往自然教室旁的可操作农田，带领学生们一起使用农具。在游戏结束后，启发学生思考，农具的类型以及使用农具是否有益于做农活。教师讲解农具的起源和一些相关知识，并带领学生们前往本次课程的第一个目的地——高塘稻场。

1 导入
地点：**自然教室**
时间：**5～10分钟**

2.1 教师教师讲述农具的一些基本知识，并带领学员利用打谷桶、风车、团筛与炭筛等系列古代农作工具，体验古代劳动人民的晒谷打谷模式。打谷桶由三部件组成：桶、篾、短木梯。打谷时围在桶沿上空，成弧形，把住摔打稻稿时的谷粒，挂在桶沿尖形的一端，伸向桶里，稻捆往梯面摔打，谷粒便掉在桶里。

2.2 学生理解了农具的知识和一些基本原理后，教师带领学生参观半自动和全自动的脱粒机械等。启发学生思考，从水稻变成稻米的这个生命过程蕴含的意义。

2.3 教师引导学生讨论，除了基本的稻米生产，在管湾农家的生产生活中，还有哪些生产生活方式？

辅助材料

（1）打谷桶

（2）风车和团筛

（3）脱粒机等现代农业机械

2 建构 第一部分
地点：**高塘稻场**
时间：**15～20分钟**

2.4 教师对鱼类进行简单地介绍。在脊椎动物中，鱼的种类和数量是最多的，现存的鱼类约有2万多种。根据鱼类生活水域的不同可分为淡水鱼类和海洋鱼类。我国有丰富的鱼类资源，我国的淡水鱼类约有800种。

2.5 教师简单地介绍管湾湿地里常见的鱼类，并传授学员几种不同的抓鱼工具之间的区别。要求学生掌握四大家鱼（鲤鱼、鲫鱼、青鱼和鲢鱼）的种类。

2.6 教师邀请管湾当地居民进行捕鱼示范，让学员分组在鱼塘片区进行抓鱼活动，期间需要确保安全。

2.7 学员们分组讨论鱼类在地球生物层次中的重要地位，教师引出水产和海洋科学相关的知识，引导学员进一步思考。

2.8 有了鱼也有了稻米，学生提问，那蔬菜改怎么获取呢？接下来，教师便带领学生前往外婆家民宿外的田间采摘野菜。

2 建构 第二部分
地点：**田塘野趣**
时间：**15～20分钟**

辅助材料

（1）抓鱼的水裤

（2）鱼罩和渔网

（3）水桶

（4）鱼笼倒须

2.9 教师带领学员在管湾湿地里采摘野菜，并讲解野菜的品种。野菜是可以作蔬菜或用来充饥的野生植物的统称。安徽地区常见的野菜有地衣、水芹、香椿、苦荬菜等。

2.10 教师讲述野菜食用的一些注意事项。包括不知不吃、盐水浸泡、吃前热焯和不宜多吃等。

2.11 教师准备小游戏，将一些野菜的特性写在卡片上，在采摘结束后要求学员分组依据特性进行辨认。

辅助材料

（1）农活手套

（2）农活草帽

2 建构 第三部分

地点：外婆家民宿旁

时间：15~20分钟

3.1 在进行用餐前，教师讲解厨房里一些基本的注意事项，在开餐前回顾思考本次活动的主要意义：理解传统农业生活方式的理念和智慧。

3.2 教师讲述烧水或煮食物时，喷出的水蒸气比热水、热汤烫伤更严重。因为水蒸气变成同温度的热水、热汤时要放出大量的热量（液化热）。煮食物并不是火越旺越快，因为水沸腾后温度不变，即使再加大火力，也不能提高水温，结果只能加快水的汽化，使锅内水蒸发变干，浪费燃料。正确方法是用大火把锅内水烧开后，用小火保持水沸腾就行了。

3.3 在美味的管湾农家菜中结束本次活动的行程。

3 实践

地点：外婆家民宿

时间：25~30分钟

4.1 学生在体验过各式农具和渔具后，分组分享对于传统的农业生活方式的思考及对其蕴含的理念和智慧的理解。

4.2 认识到湿地生物的多样性，管湾湿地是一个能提供丰富食材的生境。

4.3 能够认识到事物之间彼此的联系与影响并建立系统性思维。

4.4 能够理解事物运作的规律性和进步性。

4.5 能运用既有的知识、信息和工具，通过讨论开展实施。

4 总结 与评估

地点：外婆家民宿

时间：5分钟

5.1 教师指导学生如何在家里种植蔬菜和水果，介绍相应的物料包。

5.2 鼓励学生了解现代农业的相关知识，并以中国未来的农业发展作为自己的一个人生发展方向。

5.3 鼓励大家体验更多地区不一样的农业生产模式和农村生境。

5 拓展

地点：自然教室

时间：5~10分钟

附录

附录四：IFLA
亚太区设计奖

分析与总体规划奖报奖清单

一

项目概要

2018年，中国在《湿地公约》国际会议上首次提出了"小微湿地保护"的决议。作为一种独特的乡村小微湿地类型，陂塘在中国已经有千年的历史，是小农经济时代丘陵地区百姓利用起伏的小地形创出的富有生态智慧的驭水单元，具有蓄水、灌溉、养殖等多种功能。管湾湿地公园位于长三角城市群副中心合肥市的城郊，总面积664.24公顷，湿地率62%，境内拥有一个饮用水源地——管湾水库，有大小陂塘74口。在当前中国快速城镇化建设的形势下，伴随农民进城带来的乡村衰落，原本星罗棋布的原生陂塘湿地生态系统也不断面临消亡和侵占。本次规划围绕管湾小微湿地公园建设，从生态、生活、生产三个维度解译传统陂塘的生态智慧，用自然教育赋能新时期的乡村小微湿地，通过恢复陂塘生态景观，改善原乡村落居住空间，开展湿地自然教育、生态种养、农事体验等生态产业的发展策略，恢复乡村的生命活力，探索一条融合中国乡村振兴与小微湿地保护的新途径。

二

面临问题

（一）陂塘湿地的消亡与侵占

结合现场调查与历史卫星图像片分析，公园内很多陂塘或废弃淤塞、或变成高密度养殖鱼塘。作为一种独特的乡村小微湿地，陂塘正陷入荒废和退化的困境。

（二）水源地——管湾水库补给不足，污染加剧

江淮分水岭地区特殊的地貌和气候，使得降水滞留条件较差。周边这种"旱能补水、涝能蓄洪"的陂塘生态系统逐渐衰退造成饮用水源

地——管湾水库面临水量补给不足和水质富营养化的双重胁迫。

（三）生物多样性减退

景观的均质化及生物栖息地的不断丧失、城市园林物种的入侵给以水禽和水生植物为代表的江淮地区地域性生物保护带来严峻挑战。

（四）人口流失与乡村凋敝

项目区内当前业态就是以传统种植业为主，兼有在鱼塘里高密度养殖。传统农业的低收入（亩均年收入1500元）使得乡村年轻劳动力不断进入城市寻觅工作，乡村日渐空心化和老龄化，且留守老人极度缺少人文关怀。

（五）青少年"自然缺失症"和乡土记忆流逝

合肥市人口810万，其中中小学生人口达70多万人，对环境教育的需求日益增长。但城市周边的高品质自然教育等生态产品供给严重不足，传统乡村生活逐渐遗忘。

三

规划目标

管湾湿地公园今天面临的各种问题与胁迫，并非单个因素的影响，而是相互作用并整体呈现的原因。如何从地方的自然和传统文化中汲取智慧，重塑管湾与新时代同频共振的独特意义与发展动力变得至关重要。

1）重塑具有地域特色的陂塘湿地系统，优化陂塘群的景观多样性和连续性；

2）以管湾湿地公园片区多年平均径流深和不同水禽栖息习性为参考，合理设置陂塘群的面积和深度，保障饮用水源地水量和水质安全；

3）营造多元化的乡土生境，建立水生植物种质资源圃，逐步恢复生物多样性；

4）注重宜居，构建新时期林、田、塘、村彼此相融的特色乡村人

227

居景观；

5）传承创新湿地文化，以自然教育为龙头产业，适应市场需求开启综合绿色发展模式。

四
策略路径

按照"景观恢复—生态安全保障—生物多样性保护—村落更新—产业升级"五步，实践湿地公园在生态保护与经济发展相互促进的示范意义。

（一）陂塘景观体系的重建

依据现有水塘、鱼塘、水库的位置，通过GIS解析和水文过程分析，识别水脉、确认关键空缺点位，从景观多样性和连续性的角度，恢复陂塘—溪流—水库的复合水文系统，构建"稻田陂塘、果基鱼塘、风水陂塘、当家陂塘"等不同类型的陂塘体系，重建"点线面"结合的陂塘景观体系。

（二）水生态保障

通过地形、坡向，找到汇入水库的6个地表汇水路径。基于蓄滞雨洪、增加干旱季节的水资源供给和提升净水能力，综合考虑该区多年平均径流深、管湾水库目标水质（地表水Ⅱ类水质）和哪个属的水禽对栖息环境水深的要求，计算得出需要新增净化湿地面积：51667平方米（按平均水深1.5米计）。疏浚现有阻塞溪、沟，并合理设置单个陂塘的面积、深度和坡度，保障饮用水源地水量和水质安全。

（三）生物多样性保护

选择管湾湿地具有代表性的鸟类，如白鹭、小䴘䴘、黑水鸡、绿翅鸭、斑嘴鸭等作为目标物种，根据物种的栖息习性，进行生境斑块识别，营建水塘、沼泽、滩涂、林泽、小水泡等多种生境，吸引鸟类和其他湿地动物栖息与繁衍，并结合水生植物种质资源圃，形成不同生境的自然过渡。

（四）基于传统肌理的原乡村落更新

对现有居民点按搬迁（生境敏感区内）和提升改造两个策略，基于村庄－稻田－陂塘的空间肌理，重塑"树绕村庄，水满陂塘"的宜居环境，注入民宿业态，满足今后自然教育开展带来的住宿需求，活化村庄功能。

（五）自然教育引导下的原乡新兴产业培育

基于湿地自然资源和人文资源，围绕原乡陂塘故事主题，形成"陂塘缘起、陂塘稻田、原乡陂塘、陂塘生物、陂塘保护"五大解说内容体系，将公园分为18个解说主题空间，开展解说主题步道和解说解说游憩设施的规划设计，构建针对不同群体的自然教育课程体系和社区参与式运营模式，同时拓展农事体验、景观工艺、休闲游憩等多业态的联动。

（六）影响力

1）新增陂塘18个，生态改造陂塘29口，恢复湿地面积43.4公顷。

2）蓄滞雨洪径流峰值量的45%，防洪标准从10年一遇提升至20年一遇。

3）新增鸟类栖息地5处。

4）管湾水库水质达到地表水Ⅱ类标准。

5）消减农田氮磷污染负荷90%以上，去除水体悬浮污染物50%。

6）农民收入由每公顷22500元提升到60000元。

7）公园运营后有望新增就业岗位96～124个，年度自然教育7.2万人次。

8）提升、完善湿地公园游憩设施。

9）拆除危旧住房40565平方米，改建31623平方米。

10）塑造中国丘陵地区小微湿地更新和乡村振兴有机结合的典型模式。

五.

报奖图纸

THE MASTER PLAN OF GUANWAN RESERVOIR NATIONAL WETLAND PARK

| 100 | 300 | 1200 Metres |
| 0 | 200 | 600 |

○ Natural landscape
○ Natural education facilities

01 Bei Tang museum
02 BeiTang samples
03 Ecological BeiTang
04 Habitat pond
05 Bird orchard
06 Birdwatching house
07 Small and Micro Wetlands
08 Insect hotel
09 Frog pond
10 Swamp wetland
11 Poplar forest
12 Marsh wetland
13 Purification BeiTang
14 Unpowered paradise
15 Insects sculpture
16 Firefly harbor
17 Underwater plank road
18 Ecological bird island
19 Birdwatching platform
20 Birdwatching tower
21 Reservoir hydro-fluctuation belt
22 Outdoor pasture
23 Ecological restaurant
24 Ecological Chuhe river
25 Guan wan reservoir dam
26 Birdwatching platform
27 Flowers Greenhouse

28 Flowers fish ponds
29 Local characteristic flower field
30 Multicolored forest
31 Osmanthus garden
32 Fruit fish pond
33 Forest platform
34 Rice paddies BeiTang
35 Field pond wild interest
36 Home pond
37 Pastoral life pavilion
38 Gaotang rice field square
39 Grandmother's home B&B
40 Cherry blossom forest
41 Mulberry fish ponds
42 Midsummer lotus pond
43 Red lotus bay
44 Water chestnut lake
45 Birdwatching house
46 Birdwatching platform
47 Peninsula pastoral
48 Ecological restaurant
49 Botanical garden of Yangze river and Huai river
50 Outdoor theater
51 Purification of lotus pond
52 GengDou school

Introduce the overall layout of the park's various landscape nodes, interpretation media and service facilities.

HISTORY AND WISDOM OF BEITANG, CHINA

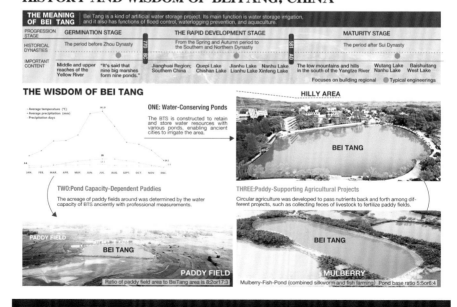

THE MEANING OF BEI TANG	Bei Tang is a kind of artificial water storage project. Its main function is water storage irrigation, and it also has functions of flood control, waterlogging prevention, and aquaculture.		
PROGRESSION STAGE	GERMINATION STAGE	THE RAPID DEVELOPMENT STAGE	MATURITY STAGE
HISTORICAL DYNASTIES	The period before Zhou Dynasty	From the Spring and Autumn period to the Southern and Northern Dynasty	The period after Sui Dynasty
IMPORTANT CONTENT	Middle and upper reaches of the Yellow River	"It's said that nine big marshes form nine ponds."	Jianghuai Region; Southern China	Quepi Lake Chishan Lake	Jianhu Lake Lianhu Lake Nanhu Lake Xinfeng Lake	The low mountains and hills in the south of the Yangtze River	Wutang Lake Nanhu Lake	Baishuitang West Lake

770 BC   581 AD

○ Focuses on building regional ● Typical engineerings

THE WISDOM OF BEI TANG

- Average temperature (°C)
- Average precipitation (mm)
- Precipitation days

JAN. FEB. MAR. APR. MAY. JUN. JUL. AUG. SEPT. OCT. NOV. DEC.

ONE: Water-Conserving Ponds

The BTS is constructed to retain and store water resources with various ponds, enabling ancient cities to irrigate the area.

HILLY AREA

BEI TANG

TWO: Pond Capacity-Dependent Paddies

The acreage of paddy fields around was determined by the water capacity of BTS anciently with professional measurements.

THREE: Paddy-Supporting Agricultural Projects

Circular agriculture was developed to pass nutrients back and forth among different projects, such as collecting feces of livestock to fertilize paddy fields.

PADDY FIELD

BEI TANG

PADDY FIELD

Ratio of paddy field area to BeiTang area is 8:2or17:3

BEI TANG

MULBERRY

Mulberry-Fish-Pond (combined silkworm and fish farming) Pond base ratio 5:5or6:4

Introduce the history and wisdom of BeiTang in China, spanning more than two thousand years.

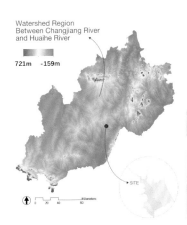

Watershed Region
Between Changjiang River
and Huaihe River

721m -159m

SITE

0 20 40 80 Kilometers

PROBLEMS FACED BYGUANWAN NATIONAL WETLAND PARK

Registered population of 1437 people,
the actual population is less than 30%

Village decline   Aging of population   Agricultural pollution

Rundown houses   Species simplification   Drought

Schematic diagram of Hilly Area   The poor stagnant water conditions in the hilly areas.

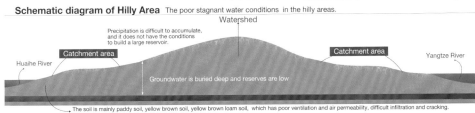

Watershed

Precipitation is difficult to accumulate,
and it does not have the conditions
to build a large reservoir.

Catchment area   Catchment area

Huaihe River   Yangtze River

Groundwater is buried deep and reserves are low

The soil is mainly paddy soil, yellow brown soil, yellow brown loam soil, which has poor ventilation and air permeability, difficult infiltration and cracking.

Due to the terrain and hilly areas and the impact of the subtropical monsoon climate, droughts and floods in the park are frequent.

NEW FUNCTION DISPLAY OF BEITANG

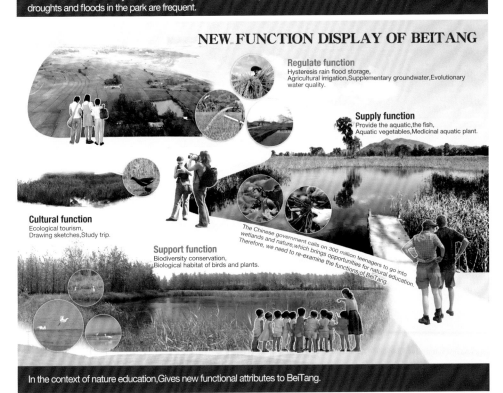

Regulate function
Hysteresis rain flood storage,
Agricultural irrigation,Supplementary groundwater,Evolutionary
water quality.

Supply function
Provide the aquatic,the fish,
Aquatic vegetables,Medicinal aquatic plant.

Cultural function
Ecological tourism,
Drawing sketches,Study trip.

The Chinese government calls on 300 million teenagers to go into
wetlands and nature,which brings opportunities for natural education.
Therefore, we need to re-examine the functions of BeiTang.

Support function
Biodiversity conservation,
Biological habitat of birds and plants.

In the context of nature education,Gives new functional attributes to BeiTang.

ECO-RESTORATION STRATEGY

According to the needs of natural education activities in Guanwan National Wetland Park, dredge the currently blocked streams and ditches, and set the pond size, shape, water depth, slope and plant configuration in a reasonable way to improve the stagnant water and water purification capacity and create different types of habitats.

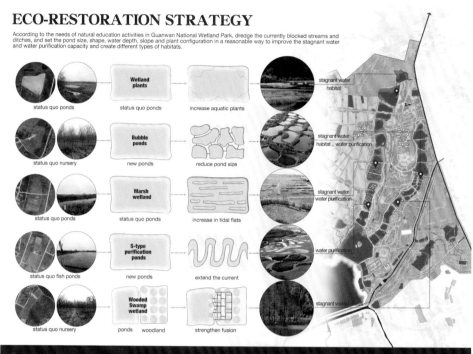

status quo ponds	Wetland plants	status quo ponds	increase aquatic plants	stagnant water habitat
status quo nursery	Bubble ponds	new ponds	reduce pond size	stagnant water habitat , water purification
status quo ponds	Marsh wetland	status quo ponds	increase in tidal flats	stagnant water , water purification
status quo fish ponds	S-type purification ponds	new ponds	extend the current	water purification
status quo nursery	Wooded Swamp wetland	ponds woodland	strengthen fusion	stagnant water

Expound the strategies and location of five kinds of Bei Tang ecological restoration.

REGULATE FUNCTION OF BEITANG

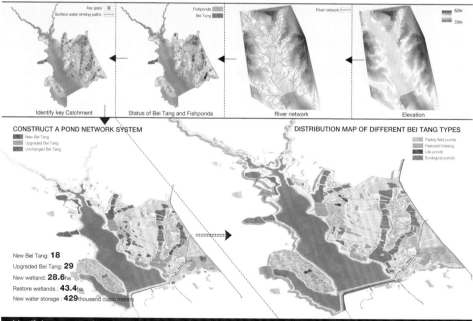

key gaps
Surface water sinking paths

Fishponds
Bei Tang

River network

62m
33m

Identify key Catchment · Status of Bei Tang and Fishponds · River network · Elevation

CONSTRUCT A POND NETWORK SYSTEM

New Bei Tang
Upgraded Bei Tang
Unchanged Bei Tang

DISTRIBUTION MAP OF DIFFERENT BEI TANG TYPES

Paddy field ponds
Featured Ketang
Life ponds
Ecological ponds

New Bei Tang: **18**
Upgraded Bei Tang: **29**
New wetland : **28.6**ha
Restore wetlands : **43.4**ha
New water storage : **429**thousand cubic meters

Identify key areas and catchment lines through hydrological analysis, and reasonably plan the construction strategies of all kinds of Bei Tang.

SUPPLY FUNCTIONS OF BEITANG

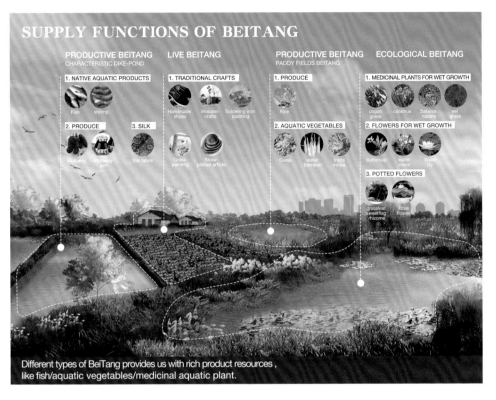

Different types of BeiTang provides us with rich product resources, like fish/aquatic vegetables/medicinal aquatic plant.

SUPPORT FUNCTIONS OF BEITANG : BIRDS

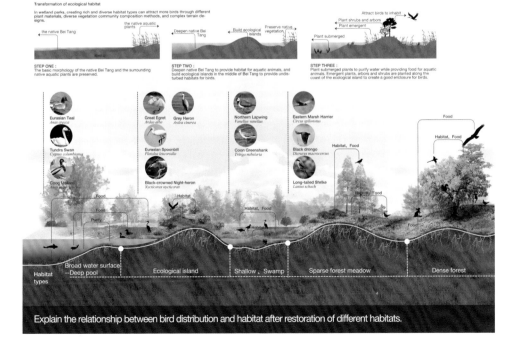

Explain the relationship between bird distribution and habitat after restoration of different habitats.

CULTURAL FUNCTION OF BEITANG

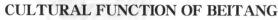

Paddy field pattern + BeiTang drainage + Village texture + The public space ▶ BeiTang Water Village

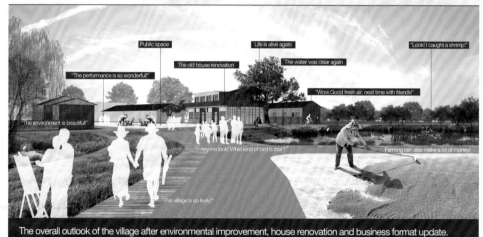

Public space   Life is alive again   "Look! I caught a shrimp!"

"The performance is so wonderful!"   The old house renovation   The water was clear again

"Wow,Good fresh air, next time with friends!"

"The environment is beautiful!"

"Everyone look! What kind of bird is that?"   Farming can also make a lot of money!

"This village is so lively!"

The overall outlook of the village after environmental improvement, house renovation and business format update.

COMPREHENSIVE IMPACT INDEX

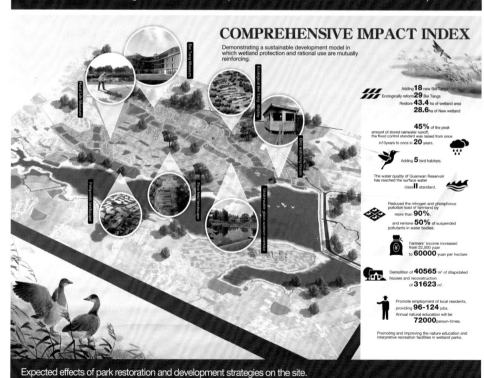

Demonstrating a sustainable development model in which wetland protection and rational use are mutually reinforcing.

Adding **18** new Bei Tangs
Ecologically reform **29** Bei Tangs
Restore **43.4** ha of wetland area
28.6 ha of New wetland

45% of the peak amount of stored rainwater runoff, the flood control standard was raised from once in 10 years to once in **20** years.

Adding **5** bird habitats.

The water quality of Guanwan Reservoir has reached the surface water class **II** standard.

Reduced the nitrogen and phosphorus pollution load of farmland by more than **90%**, and remove **50%** of suspended pollutants in water bodies.

Farmers' income increased from 22,500 yuan to **60000** yuan per hectare

Demolition of **40565** m² of dilapidated houses and reconstruction of **31623** m².

Promote employment of local residents, providing **96-124** jobs. Annual natural education will be **72000** person-times.

Promoting and improving the nature education and interpretive recreation facilities in wetland parks.

Expected effects of park restoration and development strategies on the site.